书山有路勤为径，优质资源伴你行
注册世纪波学院会员，享精品图书增值服务

*Critical Thinking & Logic Mastery - 3 Books In 1*

*How To Make Smarter Decisions, Conquer Logical Fallacies And Sharpen Your Thinking*

# 让批判性思维成为一种习惯

克服逻辑谬误，
提高思维能力，
做出明智决定

美国思维公司（Thinknetic）_____ 著    丁波_____ 译

電子工業出版社·
**Publishing House of Electronics Industry**
北京·BEIJING

版权贸易合同登记号　图字：01-2022-6256

图书在版编目（CIP）数据

让批判性思维成为一种习惯：克服逻辑谬误，提高思维能力，做出明智决定 / 美国思维公司著；丁波译. —北京：电子工业出版社，2024.1

书名原文：Critical Thinking & Logic Mastery -3 Books In 1: How To Make Smarter Decisions, Conquer Logical Fallacies And Sharpen Your Thinking

ISBN 978-7-121-46574-1

Ⅰ. ①让… Ⅱ. ①美… ②丁… Ⅲ. ①思维方法 Ⅳ. ①B804

中国国家版本馆CIP数据核字（2023）第206254号

责任编辑：杨洪军
印　　刷：河北虎彩印刷有限公司
装　　订：河北虎彩印刷有限公司
出版发行：电子工业出版社
　　　　　北京市海淀区万寿路173信箱　　邮编100036
开　　本：720×1000　1/16　　印张：17.5　字数：280千字
版　　次：2024年1月第1版
印　　次：2025年3月第3次印刷
定　　价：75.00元

凡所购买电子工业出版社图书有缺损问题，请向购买书店调换。若书店售缺，请与本社发行部联系，联系及邮购电话：（010）88254888，88258888。

质量投诉请发邮件至zlts@phei.com.cn，盗版侵权举报请发邮件至dbqq@phei.com.cn。

本书咨询联系方式：（010）88254199，sjb@phei.com.cn。

# 目／录

# 第一篇

## 批判性思维

**如何成为独立的思考者并做出明智的决定**

# 前　言

你在工作中有一项任务需要完成。你知道要完成这项任务，需要自己做出很大的改变。你不禁开始想象，要是能做出一个有影响力的计划从本质上解决这个问题就好了。

你知道这是不切实际的。你没有时间或精力去挑战现状，而且挑战现状会引起其他人的反对。因此，你制订了一个中规中矩的计划。它不会掀起太多的波澜，也不会带来重大的变革。然而，当你制订这个平平无奇的计划时，你会因为它的平淡而耿耿于怀。

你是否曾有一种挥之不去的感觉，觉得自己可以做得更好？你能做的远远不止那些日常机械性的小任务，你有很多天马行空的想法，但总是没有时间或精力去实现？

你想在工作和生活中做到最好，但是太多的竞争压力占据了你的大部分时间。你不知道可以从哪里开始，似乎少做一些更能避免犯错，工作和生活会更加轻松。

你可能听说过批判性思维是当今职场的一项基本技能。大多数雇主表示，他们正在寻找具备这项技能的人选，但很难找到。很多大学课程也会侧重于如何培养这项技能。

批判性思维已经成为一个企业流行语，如同协同效应或核心竞争力一样。然而，与那些空洞的流行语不同，批判性思维代表了一种经过证实的深刻理解和解决问题的传统思维方法，它极大地推动了社会的进步。没有它，科学、技术和哲学都不可能存在。

你也可能认为批判性思维非常耗时。谁有时间坐下来仔细思考每一个决定？这种看法完全正确。

在做每一个小决定时都充分运用批判性思维是不现实的，而且完全是浪费时间。然而，当你在做重要决定时，运用批判性思维不仅会让你更有可能做出正确的决定，还会节省时间。

在批判性思维中磨炼出来的技能会让你更有远见，提前判断出哪些是花费很多时间的问题，并提前做好准备。没有什么比第一次就把事情做好更节省时间了。

我准备在这段学习的旅程中激励你。我做过十多年的教育家，并在私人企业和政府部门工作过更长时间。我还拿到了政治学博士学位。更重要的是，我个人执着于追求明确而有目的的思维方式，这在多年来培训学生和员工的过程中得到了证明。希望我的这种执着的追求能在本书中体现出来。

你准备好更好地了解这个世界了吗？你准备好为生活中的问题找出更新、更好的解决方案了吗？那么，和我一起去探索如何掌握批判性思维的技能，为你的生活带来积极的改变吧！通过对本书的阅读，我们一起去释放批判性思维的力量。

沙伊尔·本-以法莲

# 第一章

# 什么是批判性思维

## ↳ 苏格拉底之死

雅典的领袖判处了那个时代最伟大的思想家死刑——苏格拉底（Socrates）被判处服下毒芹汁。这是个可怕的死法。在毒芹汁循环到膀胱之前，苏格拉底的身体已经瘫痪，他口吐白沫，呼吸困难。最后，严重的癫痫导致他死亡。

许多人指责苏格拉底"不相信城邦诸神，引进新的神，毒害年轻人"。在他作为教育者的非正式角色中，苏格拉底教会了那些最年轻和最聪明的人去质疑所有的假设。他教导他们，那些父辈或领导认为正确的思想并不一定都是正确的。苏格拉底告诉他的学生，要试着找出每一个观点的可取之处。

尽管被指控破坏权威，苏格拉底从不支持反叛行为。相反，他坚持认为，权威人士的观点并非不容置疑。苏格拉底没有去捍卫某个权力机构，而是教导他的学生去寻找真相。苏格拉底死后，他的学生柏拉图和亚里士多德将他的思想发扬光大。虽然苏格拉底死了，但他的精神遗产永垂不朽。

他开创的探究方法至今仍被称为苏格拉底方法，该方法注重通过不断的对话来发展思想。对话中的每个论点都被梳理出来，并分解成基本假设。无论是谁提出的，为什么提出，每一个假设都要接受严格的审查。

对苏格拉底的审判增强了公众质疑当时的权力机构和信息来源的力量。一方面，权力机构终结了哲学家的生命；另一方面，苏格拉底的思想开启了希腊哲学的新纪元。

批判性思维是人类进步的重要组成部分。如果没有对权威和常识的质疑，就不可能有今天的科学和进步。如果科学家不愿意质疑《圣经》的字面解释，进化论的研究就不可能实现。没有批判性思维，也许我们现在仍然相信世界是平的，或者相信君权神授。

批判性思维是现代经济社会中最受追捧的技能之一。在一项针对美国商业领袖的大型调查中发现，93%的受访者认同这样一种说法："（候选人的）批判性思维方式、顺畅的沟通能力和解决复杂问题的能力比其大学所学的专业更为重要。"通过深入掌握批判性思维，我们会成为更全面的人。在这个对自己思维方式进行完善的过程中，我们在职场上会如鱼得水，这确实没什么坏处。

## ↘ 如何定义批判性思维

当人们使用批判性思维这个术语时，根据应用的语境，它可能有一些不同的含义。为了更全面地理解它的含义，一些要素是必不可少的。

德尔菲项目对该术语所做的定义是其中比较著名的："批判性思维是有目的的、自律性的判断，通过这种判断得到针对它所依据的那些证据性、观念性、方法性、标准性或情境性思考的阐释、分析、评估、推导以及解释。"

将这个定义通俗地解释一下，那就是：批判性思维是一种基于事实证据，彻底独立思考问题的能力。它是一种将推理全部致力于解决现实问题的行为。

这是怎么做到的？批判性思考者收集与其问题相关的证据数据并对其进行分类，以获得想要的知识。弄清楚问题包含的各种要素及可能的解决方案后，批判性思考者将问题的不同部分放置于一个可行的框架中。

一旦批判性思考者分析好问题，将其划分为易于理解的定义和类别，就会利用上面获取的知识来解决问题。

之后批判性思考者通过建立必要联系的方式来理解和定义问题及其所有组成部分。

定义批判性思维的另一种方法是判断哪些思维方式不属于批判性思维。"批判"这个词会让人迷惑。这不是一种用来批评我们不喜欢的事情的方法。还记得与你不喜欢的同事的相处过程吗？有没有注意到，每次你们谈话时，你都试图找到他们想法中的不妥之处？这不是批判性思维，这只是批评。

批判性思维并不是一种更有条理地捍卫我们认同的想法的方式。有时，在争论时，我们会出色地捍卫自己的立场，假设对方所说的一切都是错误的。你可以在社交媒体上的几乎每一场争论中看到这种情况。事实上，当我们用智慧来证明一个没有思考过的观点时，无论我们做得有多么好，都不是在进行批判性思考。

为了自己的利益，我们经常试图让想法看起来更好或更糟，这也不是批判性思维。

　　批判性思考者只对评估一个论点的强度感兴趣，不会在任何一个方向上夸大现实。运用批判性思维时，我们试图客观、公正地对待我们喜欢和不喜欢的论点。

## ↘ 批判性思维有什么优势

　　当你进行批判性思维时，目的只有一个：真相。对真相的追求意味着你可以避免被欺骗，并确定事情的哪些方面是真实的。这是因为你知道如何将事实与假象区分开来，从而找到真正的解决方案。

　　有时，你是否觉得周围的世界运行得不对劲？你有没有问过自己，为什么会遇到这么多杂乱无章、效率低下的制度？你有没有想过，如果有机会，你可以把事情做得更好？

　　你也许可以。我们经常遇到无能和低效的情况。在很大程度上，这是因为我们不会质疑现有的传统和流程。现有的传统和流程通常不是设计的产物，相反，过时的社会信仰、文化规范和简单的惯性塑造了我们所面对的环境。那些权威人士会告诉我们应该相信什么，而我们也常常接受这些常识。

　　批判性思维为我们提供了解决问题的工具。从小的问题，如去哪里度假，到大的问题，如你会嫁给谁，批判性思维都可以让我们做出更好的决定。

　　在当前强调创新和创业精神的经济社会中，这项技能是必不可少的。科技公司推崇"颠覆性创新"。他们试图创造新的市场和价值体系，取代现有的商业模式。颠覆性计划是批判性思维的一种锻炼。要取代当前的模型，你将首先检查并评估它的弱点和长处。接下来，你将设计一个更有效的计划，忽略传统的"常识"模型。

亚马逊通过颠覆传统市场占领了图书市场。书店仍然是受人喜爱的机构，人们去书店看书、买书仍然很常见。尽管如此，这种传统的商业模式还是存在着严重的缺陷。由于书架空间有限，顾客想要的一些书很有可能买不到。由于运营书店需要投入大量的管理费用，成本加成之下，图书的价格很高。最后，书店无法有效地让顾客了解新书的信息。

亚马逊跨行业进入图书销售领域，彻底改变了图书的销售模式。亚马逊的创始人杰夫·贝佐斯对保持传统的经营模式不感兴趣。相反，他致力于利用互联网有效地提供服务。在研究了几个效率低下的行业之后，他才决定进入图书行业。

他选择通过网络卖书而不是销售其他产品，是因为图书产品具有标准化属性，顾客在购买之前不需要进行尝试或品尝，非常适合远程购买。尽管这听起来令人不快，但从商业角度来看，书店变得没有存在的必要了。

得出这个结论后，杰夫·贝佐斯设计了一个系统来克服传统书店模式的缺陷。亚马逊通过在网站首页上收集推荐和评论的方式，克服了信息传递上的问题；通过将书籍存放在全国各地的大型配送中心的方式解决了库存和发货时效的问题；同时，还通过大量囤货和降低管理费的方式来降低成本，从而获得价格优势。

杰夫·贝佐斯设计了一个简单且直观的解决方案，解决了传统行业长期存在的问题。它之所以具有革命性，是因为它忽略了图书行业的价值体系和共同智慧。相反，杰夫·贝佐斯却批判性地审视了图书行业背后的每一个假设。亚马逊就是批判性思维的产物，是一个非常有利可图和成功的公司。

## ↘ 批判性思维的内容

批判性思维的过程反复出现如下组成部分。

### 感知

思考任何事情的第一步都是感知情况。我们首先要认知某个事物，才会意识到它是一个需要解决的问题。重要的是，要记住，我们的感知不是客观的或中立的。感知是通过人们的主观价值体系过滤客观现实的过程。

假设你正在制定月度预算，你发现自己无法存下一大笔钱。然而，你的父母向你灌输了存钱的重要性，你可能把这当成预算中的一个严重问题。但如果你只看自己当前的收支情况，可能会耸耸肩，说："谢天谢地，钱足够用了！"

### 假设

我们的假设是未经检验的想当然的信念。我们的计划和行动通常是在不知情的情况下建立在这些假设之上的。为了培养批判性思维，我们必须愿意批判性地检查我们的假设，看看它们是否准确，是否为实际目标服务。记住，你不能假设任何事情都是正确的，除非你对它们进行了彻底检验。

回到前面制定月度预算的例子上。对未来焦虑和只看当前收支情况这两种想法都不一定是正确的，我们要对它们进行仔细的检查。如果你打算在未来积极降低开支，可能不需要过节衣缩食的生活。如果你目前的开支状况准备长期维持，一点儿不存钱可能会是一个严重的问题。不管你持有的是哪种储蓄观念，一定要检查一下它与你目前的经济状况有多大的相关性。

### 情绪

许多人认为，理性思考是不可能的，除非你排除情绪的影响。这种说法既不真实也不现实。相反，情绪是批判性思维过程中不可分割的一部分。作为人类，我们是高度感性的，我们的自然情感影响着我们所做的每一个决定。这并不是一件坏事。

我们可以利用我们的批判性思维来改善我们周围的世界。如果不使用情绪指标，就无法做到这一点。例如，解决我们孩子生活中的问题是理性思考的崇高而有价值的目标。然而，如果没有父母身份和家庭制度的情感意义，它就毫无意义。不要害怕使用情感依恋和指标来确定你希望解决什么问题以及如何解决。

### 语言

我们使用的词语是批判性思维的基本要素。通过运用精确的语言表述问题，我们可以将自己的想法从模糊的概念转变为明确的概念。要批判性地思考任何主题，我们必须以可操作的方式定义问题及解决问题。只有当我们通过文字对现实进行抽象表示时，批判性思维才成为可能。

再回到前面制定月度预算的例子上。为了弄清楚我们需要存多少钱，我们需要考虑几个概念，如通货膨胀。从目前的状况来看，我们的预算可能够用了，但未来也够用吗？物价上涨的可能性有多大？相应地，要计算我们需要存多少钱，必须了解利息的概念。把相关因素用文字和概念表达出来，有助于我们理解所面临的问题。

### 论证

在批判性思维的语境下，"论证"一词是至关重要的。它并不是指人们大声地相互提出不同意见。相反，它是一系列有理有据的假设和前提。当这些假设构成一个论证时，就会产生一个实用而合理的结论。正如我们已经讨论过的，我们要用逻辑和事实来支持逻辑假设。否则，我们可能会根据错误的逻辑得出结论。

**谬误**

人类一贯的非批判性思维倾向被称为"谬误"。谬误是通过不合理的逻辑得出的看法或结论。它是一种经不起批判性审视的论点或信念。尽管谬误不一定是错误的，但顾名思义，它是以不合逻辑的思维过程为基础的。

在你的思维过程中，运用谬误会增加你得出错误结论的可能性。然而，生活并没有那么简单。有时，充满谬误的思维过程可以取得杰出的结果。还记得那句谚语吗？"即使坏了的钟，一天也有两次是对的。"就是这个意思。

例如，你正在吃一袋什锦软糖。一个朋友对你说："我和你赌100美元，你从袋子里拿出来的是绿色的。"当你询问原因时，朋友解释说："你上次吃的软糖是绿色的，所以袋子里所有的软糖都是绿色的。"你和朋友争论了一下，还是接受了打赌。你取出的下一颗软糖，没错，你猜对了，是绿色的。你的朋友说："看！我猜对了！"在这个例子里，朋友的逻辑是错误的，但他的结果是正确的。这是一个极端的例子。但通常，谬误看起来似乎符合逻辑，甚至看起来是聪明的论点。

**逻辑**

这是一个结构化思维的词，旨在准确评估信息。通过分析前提和假设的有效性，批判性思考者可以区分谬误和强有力的假设，从而区分真理和谬误。如果是合乎逻辑的，我们就会用有效的前提或假设来取代错误的前提或假设。

假设我们每个月只能存10美元。我们可能会感到恐慌，认为自己将永远过着勉强糊口的生活，从而需要在就业或生活状况上做出重大改变。然而，从逻辑上看我们的预算，可能会发现事实并非如此。例如，我们每个月的开支中包括500美元的大学贷款，而下个月是最后一次还款，这样，我们可能很快就会每月节省510美元。对所有可用的信息应用逻辑观点可能会改变我们对问题的整体评估。

**解决问题**

抽象的批判性思维可能很有趣，但并不能让我们周围的世界变得更好。我们通常是在遇到亟待解决的严重问题时才运用这些耗时的技能。除非你采取步骤将其付诸实践，否则找到更好的解决问题或实现目标的方法意义不大。

## ↘ 行动步骤

让我们来做一个练习，看看迄今为止批判性思维在你的生活中扮演了什么角色，以及你如何在未来应用它。

做一个在你生命中最重要也是最困难的决定。也许是搬到另一个城市或国家，或者与心目中重要的人结婚或分手，或者辞职。做出何种选择并不重要，只要是不容易做出选择的事项即可。

接下来，执行以下操作。

1. 写下你做出最终选择的所有备选方案。

2. 写下你为何会做出这个选择。

3. 做出这个选择的理由是基于你深入研究的事实，还是基于假设？

4. 是什么假设促成了这个选择？

5. 你怎么知道这些假设是正确的？你是否检查过它们的有效性？

6. 你的很多决定都是基于毫无根据的假设吗？有哪些例子？

当做出决定时，我们会做出许多未经证实的假设。有时它们是我们成长或信仰的产物。例如，在美国社会，我们被教导要偿还债务，强调自给自足。在这种文化倾向影响下，一些人不断累积债务，即使债务的数额大到他们无法偿还，也不去做对他们而言更好的选择——申请破产。

也许这些想法是权威人士传授给我们的。经常性地，我们甚至不知道它们来自哪里。尽管做出毫无根据的假设是完全正常的，但这种倾向会产生负面影响。这可能意味着我们在错误的信息基础上做出了错误的决定。

好消息是，解决这个问题并不难。当我们做出重要决定时，有必要花时间检查我们的假设，并根据准确的信息和有效的论据采取行动。是的，这需要我们做一些额外的工作。毕竟，苏格拉底是为了获得质疑谎言的权利而死的。难道我们不应该为他做出一点儿额外的努力吗？

# 第二章

# 批判性思维框架：
# 了解批判性思维的要素和过程

1974年，索尼公司的高管对生产优质产品持乐观态度，在这一点上，他们是对的。高管向公司的技术人员提出要求：他们想推出市面上最高质量的磁带，可以录制电视上的任何节目内容。实验室团队因此研制了一款其他公司无法与之竞争的产品，称为Betamax。

索尼公司认为，如果赶在竞争对手发布同类产品之前推出自己的优质产品，那么Betamax将最终控制市场。这招奏效了，索尼公司完全垄断了市场。

为了迅速利用这一优势，索尼公司的高管忽视了产品的一些重要问题。随后，索尼公司不得不宣布，Betamax的磁带只能容纳一小时的节目。事实证明，这是一个严重的错误。

想象一下，你不得不参加一个无聊的家庭教师协会组织的会议，而此次会议恰逢电影《教父》上映。如果你想在电视上把电影录下来，Betamax磁带却只能录一小时。当然，你会录下来电影里婚礼现场的美丽色彩，但会错过桑尼遇刺和马头威胁的片段。

与此同时，日本胜利公司（JVC）的高管决定另辟蹊径。在索尼公司产品的冲击下，JVC失去了大部分市场。若想再度占领市场，最好的办法是找出Betamax产品的缺陷。JVC知道自己的产品在画质上无法与索尼公司竞争，便推出了一款录制时间更长的磁带。

Betamax录制时长的缺陷导致索尼公司在短短几年内失去了对家庭消费视频产品的完全控制权。虽然Betamax在1975年控制了100%的市场份额，但到了1980年，JVC占领的市场份额达到60%。索尼公司后续未能推出满足消费者需求的产品。

更糟糕的是，索尼公司并未因此做出战略调整。在这段时间里，它仍然继续关注画面质量，认为自己在这个方面上有比较优势。索尼公司保持着视觉领域的优势，希望通过增加磁带的录制时长来重新夺回市场，拒绝中断这条生产线。到20世纪80年代末，索尼公司已经完全失去了磁带领域的市场份额，尽管它把Betamax产品的生产持续到2016年。Betamax成为一个营销笑话。

在这个事件里，推出的产品被市场否决，索尼公司做错了什么？如果将一个强有力的想法转化为一个有力的战略，那么这个想法就是成功的。尽管你可能认为批判性思维是对某件事的深入思考，但更准确的做法是将其想象为一系列步骤。批判性思维是一个过程，而不是一个事件。

在本章，我们将深入系统地研究批判性思维的要素和过程。首先，我们将研究保罗-埃尔德框架，该框架概述了批判性思维的主要要素。其次，我们将研究布卢姆分类法，这是一种从开始分析问题到为现实问题创造解决方案的批判性思维过程的方法。最后，我们看一下这些理论框架如何应用于日常生活的决策中。

## ↘ 保罗 – 埃尔德框架

我们已经讨论了批判性思维的要素及其重要性。但如何将其原理应用于现实生活中呢？20世纪90年代，教育科学家琳达·埃尔德（Linda Elder）和批判性思维中心的研究主任理查德·保罗（Richard Paul）创建了一个培养批判性思维的过程。它仍然是批判性思维过程中最先进、最被广泛认可的蓝图。

保罗–埃尔德框架分为三个部分：推理、智力标准和智力特质。智力特质部分涉及与批判性思维相关的人格特质。保罗和埃尔德认为，如果在教育中积极鼓励这些特质，将培养出能够平静、成功地处理和解决最复杂问题的人。智力特质包括：

- 谦逊。
- 勇敢。
- 共情。
- 自律。
- 诚实。
- 坚毅。
- 自信。
- 公正。

同时，智力标准部分涉及我们分析数据和构建论点的技术方式。这些要素在追求批判性思维的实践过程中非常重要。当我们评价自己和他人的思维过程时，应该使用这些标准来衡量。其中任何一个标准存在严重缺陷，都会增加过程和结果存在缺陷的概率。

一个真正的批判性思维过程将高度符合以下每个标准。

- 清晰度。

- 准确度。

- 精确度。

- 相关性。

- 深度。

- 宽度。

- 逻辑性。

- 重要性。

- 公平性。

我们将在本书后面深入讨论这些要素，以处理更实用的批判性思维要素。

首先，让我们看看批判性思维过程的构建模块。这是保罗-埃尔德框架中推理要素的重点。为了更好地理解如何将批判性思维应用于实际问题，我们将使用这些要素来解决职场中经常出现的问题。

推理要素就是保罗-埃尔德框架进入批判性思维过程的关键所在。推理是对一个问题进行逻辑清晰的思考，同时得出有理有据的推论和结论。从描述中可以看出，这是一个结构化的过程。我建议，当你积极处理一个重大问题时，你要按顺序进行每一个要素的处理，只有在完成前一个要素的处理后，才能进行下一个要素的处理。

我们如何将推理过程应用于现实生活中的问题呢？我们将通过思考来解决所有问题。然而，我们的大部分思考都是随机的，转瞬即逝。

我们的大脑往往会产生一些既不重要也没有用处的想法。

根据保罗-埃尔德框架，批判性思维不同于其他形式的思维。保罗-埃尔德框架建议我们关注特定的思维要素。通过关注这些要素，我们可以更深入地挖掘，得出合理而实际的结论。

## 目的

所有的推理都追求明确而具体的东西。我们追求的不是短暂的观察，而是富有成效的具体目标。

### 解决问题

批判性思维的目的应该是解决问题。批判性思维是一个复杂的过程。它的最佳用途是通过解决阻碍进步的问题，使我们的生活和世界变得更加美好。

### 假设

我们对这个世界有具体的假设。如果我们每次分析一个现象都要从零开始，那么就很难建立起坚实的思想基础。我们必须小心谨慎地做出假设，但归根结底，有些事情我们只需假设其为真即可。要将未经审查的假设保持在必要的最低限度。例如，假设你的老板要求你制订一项增加股东收入的计划。你想保住你的工作，因此，你会假设公司的资源是正常运作的，而你希望成为其中的一部分。

### 观点

人类根本不是中立的。我们的许多思维模式都来自自身的文化、偏见和利己的观点，推理过程也不例外。在这里，重要的是要意识到我们的偏见。

### 沟通方式

我们以一种易于被观众理解的沟通方式进行表达，不会在交流中牺牲事件的真实性。

### 数据

我们在进行批判性思考时，会用数据来支持我们的假设和结论。请记住，可靠的数据是化解偏见和一厢情愿的良药。

### 数据解读

我们对数据和研究结果进行解读，以形成有理有据的叙述。这是一个谨慎之举。数据和事实本身并不能说明问题。因此，我们需要根据我们的发现讲述一个有目的的故事（例如，经过精心研究的非虚构故事）。我们不能让事实说明数据中没出现的内容，也不能假设缺失的数据证实了我们的偏见。

### 概念和语言

我们以受众易于理解的方式表达这一叙述。我们不会为了传播事实而牺牲事实的真实性。

### 影响和结果

在框架的第一部分，我们为思维过程设计了一个目标。在这里，我们确保努力去实现这个目标。我们付出了所有的努力都用来解决眼前的问题。

## ↘ 应用保罗 – 埃尔德框架

贝瑟妮是一家营销公司的老板，她工作努力、做事公正，负责管理一批才华横溢的员工。然而，她最近出现了不安情绪。

肖恩是贝瑟妮团队中工作最出色的员工，但遗憾的是，他是一个傲慢而令人讨厌的人，和其他同事相处得并不好。

如果贝瑟妮用保罗–埃尔德框架来指导自己的行动，那么她的决定中将包含该框架中的哪些主要要素呢？

### 目的

贝瑟妮遇到了一个问题：她的成功一直来自平衡工作效率与员工的凝

聚力和士气之间的关系。她认为肖恩的行为有可能破坏这种平衡。

### 假设

对于如何在职场上获得成功，贝瑟妮有自己未经检验却深信不疑的假设。她认为良好的团队合作和愉快的工作氛围对提高工作效率至关重要。因此，她认为以牺牲群体凝聚力为代价来鼓励个人成就是不道德和不切实际的。

尽管肖恩在工作上取得了成就，但他以自我为中心的行事态度一直让贝瑟妮感到担忧。因此，当这方面出现问题时，她一点儿也不感到惊讶。由于她的假设和取向，她认为其他团队成员的不满是完全合理的。

### 观点

贝瑟妮在工作中始终保持高度的职业性，很少流露出自己的偏见。然而，她是有偏见的。她承诺并积极地为团队和员工谋取福利，给予员工额外的帮助，这使她成为一位好老板，员工也以出色的工作成绩回报她。

出于同样的原因，她很难理性地对待肖恩。他让她抓狂。当她试图和他谈谈时，他却告诉她，他会一如既往地行事，因为这样做会取得成果，而且他是不可替代的。这让她非常生气，差点当场炒了他的鱿鱼。

如果她这样做了，她就会在没有权衡利弊的情况下做出一个至关重要的决定。不过，她还是控制住了自己，继续进行推理。

### 沟通方式

贝瑟妮把肖恩想象成有害的细菌，正在攻击团队这个健康的身体。这样一想，她心中唯一的解决办法就是解雇肖恩。

但作为一个聪明的老板，贝瑟妮知道这种做法是不合理的。于是，她写下了她试图解决的问题以及原因。她用准确无误的语言写下了自己的目的，并提出了两个主要目标：保持团队士气和提高工作效率。通过使用准确的语言，贝瑟妮提醒自己，她的目标不是摆脱肖恩。这仍然是一个选择，但只是达到目的的一种手段。

### 数据

贝瑟妮试图为解雇肖恩撰写书面论据。她坚信，解雇肖恩会让大家更快乐、更团结。毕竟，在肖恩头脑发热之前，大家相处得更好。休息室的气氛更健康。这是事实，她相信这是正确的。

不过，贝瑟妮更难提出解雇肖恩会提高工作效率的论据。她决定验证自己的假设，查看团队绩效的原始数据，看看能够从肖恩态度恶劣前后的工作效率趋势中了解到什么。

对这些数据的全面分析表明，糟糕的工作氛围并没有降低工作效率。近几个月来，不仅肖恩的工作效率大幅提高，而且其他人的工作也做得更好了。这与贝瑟妮的预想背道而驰，让她感到非常不快和恼火。

### 数据解读

贝瑟妮整理的数据与她的预想不符。是的，由于肖恩的行为，团队的凝聚力确实受到了影响。但不知何故，工作效率反倒提高了。

之后她明白了其中的关联。这些数据只能说明一件事：肖恩令人讨厌的行为促使其他员工想要取代他，随之而来的竞争意识激励他们更加努力地工作。贝瑟妮不喜欢这个结论，但这是她从这些数据中得出的最符合逻辑的推理。

在肖恩出色的工作能力和团队中其他员工为了与他竞争而奋力拼搏的加持之下，团队的工作效率提高了。从理性的角度来说，贝瑟妮没有理由解雇肖恩，至少从工作效率的角度考虑她也不应该这么做。

事实证明，贝瑟妮一直坚持的职场准则是一个谬误。她对团队精神的执着追求和对工作场所士气重要性的坚定信念塑造了她对工作效率的看法。她坚信，如果团队不凝聚成铁板一块，工作效率和工作质量就会受到影响。这确实是一个合理的假设，然而，事实并不能证明这一点。

**影响和结果**

贝瑟妮参与这项烧脑的练习并不是为了好玩。她这样做是为了提高团队的士气和工作效率。于是，她把收集的数据和自己对这些数据的解读整理成一个计划。

贝瑟妮发现，团队成员之间的一些竞争提高了整体的工作效率。因此，她放弃了她假设的错误部分：竞争和对个人成就的关注本质上是破坏性的。

与此同时，贝瑟妮用证据证实了假设的另一部分，即肖恩的行为扰乱了团队的和谐氛围。因此，她仍然需要解决这个问题。她的逻辑告诉她，必须找到一种管理方法，在保持团队士气的同时，培养团队成员的竞争本能。

数据显示，团队的情况喜忧参半。很明显，肖恩的行为在某些方面对团队有利，但在另一些方面对团队有害。因此，合乎逻辑的做法是最大限度地提高有利方面，尽可能减少肖恩的存在对团队造成的伤害。

贝瑟妮制订了一个计划，为每个员工分配与其能力相称的任务。肖恩被赋予了新的头衔，并与其他员工分开办公。贝瑟妮给肖恩安排了与他"独狼风格"相匹配的任务，同时，给其他团队成员分配了更适合合作的任务。

这个计划最大限度地减少了肖恩和其他员工之间的互动。不过，在月底，所有员工都要参加工作效率评估会议。这样既能培养团队成员间有益的竞争精神，又不会过度破坏团队的和谐。通过运用批判性思维，贝瑟妮在不影响团队工作效率的情况下解决了问题。

## ↘ 布卢姆分类法

正如我们在上面这个案例中看到的，批判性思维是一个过程，而不是一个事件。但这个过程究竟是什么？一个阶段又是如何过渡到另一个阶段的？既然批判性思维是一个深思熟虑的、结构化的过程，那么我们思考的顺序就很重要。布卢姆分类法是批判性思维最常用的蓝图。20世纪40年代，教育工作者委员会以促进批判性思维为任务，将其想象成一个金字塔，不同形式的思想相互碰撞。这一结果在今天仍然具有很大的影响力。

图2-1显示了2001年修订后的布卢姆分类金字塔。修订前后的两个版本基本相似，但也有一些不同。最值得注意的是，在旧版本中，"评价"是金字塔的最高级别。然而，2001年的版本将"创造"确立为新的最高级别。

布卢姆分类金字塔提出了一条通过批判性思维实现创新的实用路径。它提醒我们两个重要的事实：第一，真正的批判性思维是一项艰苦的工作，我们需要分几个步骤去完成，而每一个步骤都具有挑战性；第二，如果你努力工作，就能创造出真正新颖、令人兴奋的东西。

布卢姆分类法是一个实用的方案，每一步的实现都建立在前一步的基础上。因此，我们将基于现实问题对其进行测试。

2004年，纪录片《超码的我》上映。该纪录片的创作者一日三餐只吃麦当劳菜单上的食物。观众们惊恐地看着他的身心健康状况日益恶化。

对于这家全球最大的快餐连锁店来说，这是一场公众形象灾难。不健康和肥胖的顾客起诉麦当劳要求赔偿，导致销售额暴跌。

随着美国人越来越意识到保持健康生活方式的重要性，麦当劳的快餐和不健康食品的形象正在成为保持健康生活方式的一个障碍。在许多消费者心目中，麦当劳与肥胖和心脏病联系在一起。

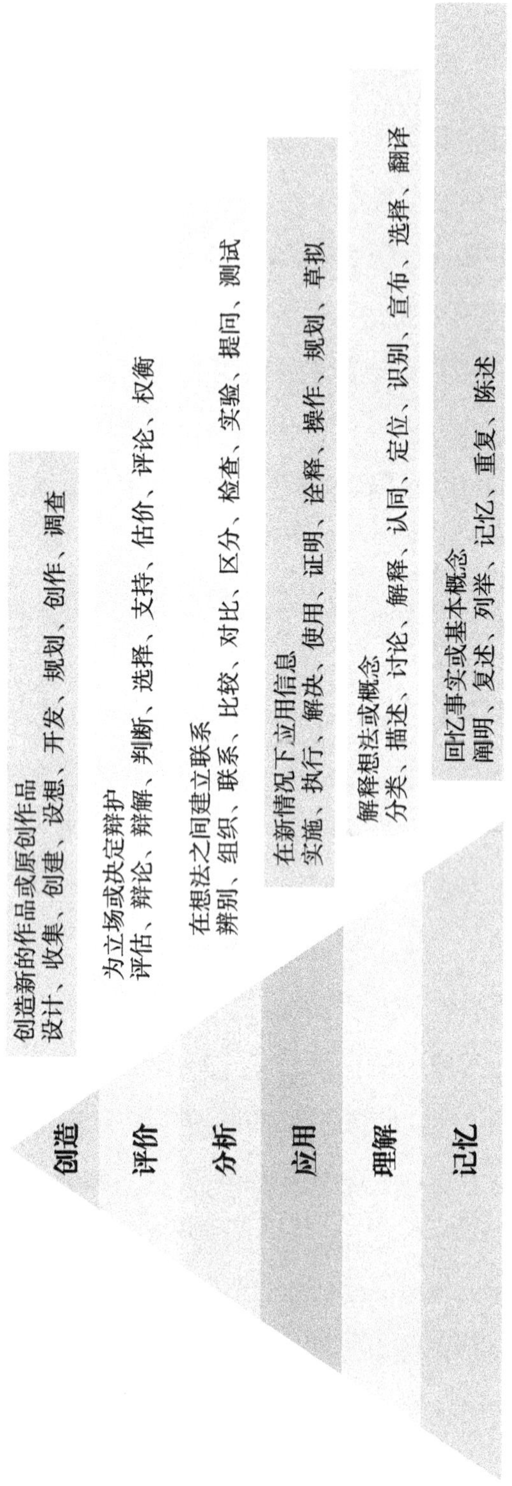

创造新的作品或原创作品
设计、收集、创建、设想、开发、规划、创作、调查

为立场或决定辩护
评估、辩论、辩解、判断、选择、支持、估价、评论、权衡

在想法之间建立联系
辨别、联系、组织、比较、对比、区分、检查、实验、提问、测试

在新情况下应用信息
实施、执行、解决、使用、证明、诠释、操作、规划、草拟

解释想法或概念
分类、描述、讨论、解释、认同、定位、解释、宣布、选择、翻译

回忆事实或基本概念
阐明、复述、列举、记忆、重复、陈述

创造
评价
分析
应用
理解
记忆

图2-1 布卢姆分类金字塔说明了每个步骤之间的联系

资料来源：范德比尔特大学教学中心。

麦当劳宣布将全面重塑品牌形象，将麦当劳打造成"一个更值得信赖和尊敬的品牌"。

几年之内，麦当劳就扭转了形象，将利润恢复到以前甚至更高的水平。他们是怎么做到的呢？

麦当劳宣布了一个为期18个月的战略计划，以彻底改造品牌形象，它究竟采取了哪些措施来重振品牌呢？

### 记忆

在解决问题时，首先要记住相关的信息形式和来源。这些可以包括事实、概念、术语，或者你所知道的信息来源，如书籍或网站。

在这一步，麦当劳通过查看原始数据来了解当前市场的需求。这包括与消费者进行焦点小组访谈。

麦当劳还收集了过去几年的销售数据，但这还不够。它甚至研究了一些竞争对手的成功经验，其中包括直接快餐竞争对手和其他餐饮连锁店。这种方法使麦当劳对当前市场有了更好的了解。例如，它研究了像Chipotle这种发展迅速的竞争对手的做法。

### 理解

一旦有了相关材料，就可以着手研究了，直到你觉得对当前问题有了充分的理解。无论你是这方面的专家，还是只了解皮毛，这都是必要的一步。在觉得自己可以解释清楚所有重要的事实、概念和术语之前，不要急于进行下一步。因为如果你不能理解这些信息，就无法应用它们。

判断是否理解某个概念的一个很好的标准是，你能否用最简单的术语进行解释。正如杰出的物理学家阿尔伯特·爱因斯坦所言："如果你不能向一个6岁的孩子解释清楚，那你自己也不理解。"

正如我们前面所讨论的，数据不能说明一切。麦当劳的高管仔细研究了这份报告，发现了两个销售趋势：强调产品对健康有益的公司往往会获得收入的增长；店铺周围的环境氛围对消费者来说越来越重要。

遗憾的是，麦当劳品牌与这些时尚元素的连接并不成功。焦点小组访谈结果显示，麦当劳品牌让人联想到廉价、不健康的食品，而麦当劳店铺的位置让人联想到尖叫的儿童和被剥削的员工。

### 应用

理解问题之后，看看你在布卢姆分类金字塔的前两步中收集到的信息，并问自己以下问题：

- 这些信息如何应用于当前问题？
- 哪些信息对解决这个问题最有用？哪些信息是最没有价值的？
- 你是否遗漏了有助于更好地理解问题的信息？如果你遗漏了重要信息，可能需要在继续之前返回上一步。

### 分析

现在，你可以对问题进行分析了。将问题分成几个部分。分析问题的主要因素是什么，并仔细定义它们。

在满意地完成这项工作后，请检查各部分之间的联系。其中一个是如何影响另一个的？为什么？是什么促使不同的参与者以不同的方式行事？确保你对问题的组成及其表现形式有一个全面的理解。

为了避免受到干扰，要将术语背后的逻辑归结为尽可能少的假设。当我们不能在两种解释之间做出决定时，最好选择较简单的解释。这一原则被称为"奥卡姆剃刀"（威廉·奥卡姆，英国思想家、哲学家，以"剃除"论点中不必要的元素而闻名）。

在这一点上，麦当劳的高管意识到，公司作为不健康食品供应商的形象，其影响是非常严重的。数据表明，以提供健康食品著称的连锁店和供应商在市场上的表现远远好于那些提供不健康的连锁店和供应商。

**评价**

为了到达这一步，你在前面已经做了一些出色的工作。你的工作可能在纸质报告上看起来非常漂亮，有美观的图片和表格。当你为了一个项目做出很大努力时，很容易对这份工作产生情感上的依恋，不由得会偏袒它。但要避免这个陷阱。

相反，要无情地让它接受批评。记住，如果你不这样做，别人也会。如果你的分析中有任何重大缺陷，现实会毫不留情地揭示它们。

仔细查看你的分析，并根据下面描述的两个指标对其进行评价。如果你发现它存在缺陷，现在就是修正它的合适时机。

1. 它在内部有意义吗？根据你在前面步骤中的研究：每一个定义都经得起推敲吗？你能确认所建立的联系吗？还是，只是猜测？对于所做的分析是准确的和有意义的，你有多大信心？

2. 它在外部有意义吗？这里的相关问题是，在你的分析之外，是否存在使关键声明无效的信息来源？是否有你没有看到的重要的信息来源？是否有你检查过但没有列入考虑的信息？站在这方面专家的角度思考一下，他们会认为你错过了什么重要的事情吗？

麦当劳的高管现在扪心自问，为什么他们会背上销售不健康产品的恶名。回到消费者焦点小组访谈中，他们意识到，作为全球最知名的快餐店，该行业的所有弊病都玷污了它的名声。自相矛盾的是，它的标志性符号——金色拱门及其红色背景——已经变得臭名远扬。

**分析**

这是你开始制订问题解决方案的地方。当进行分析时，我们试图找到一种优于现状的方法。

我们将想法转化为可操作的分步计划，确保每一步都切实可行。然后，对其进行与检查分析有效性相同的测试。内部是否合理？外部环境是否会改变它？

确保你的计划切合实际。记住：尽管"解决问题"这个名字有些误导人，但它并不要求消除问题。它只是指一种更好的做事方法。法国伟大的哲学家伏尔泰曾写道："完美是好的敌人。"一旦制订了一个良好而有用的计划，并能极大地改进工作，那么就应该对其进行检查，寻找改进的空间。我们必须积极地将计划付诸实践。

麦当劳在改善形象方面面临着严重的困境，其标志性的红色背景和金色拱门举世闻名，然而，它却正在把消费者赶走。麦当劳的巨无霸汉堡曾经堪称传奇，但现在越来越不受欢迎。

麦当劳的高管意识到，要彻底改变形象，就必须进行大刀阔斧的改造，于是他们改变了整个连锁店的美学元素。公司用迈阿密国际艺术与设计大学学生设计的可回收包装取代了旧的闪亮包装，用绿色和棕色的大地色调重新装饰了各个门店。麦当劳高层希望通过这种方式改变品牌形象。

### 综合

在这一步，我们将所有已经收集到的要素整合到一个计划中。我们确保结论站得住脚，而且得出结论的计划是有效的和实际的。我们从之前步骤所犯的错误中吸取教训，并准备将计划付诸行动。

对麦当劳来说，仅仅改变公司的装饰和形象是不够的。为了彻底扭转形象，麦当劳必须解决菜单本身的问题。新菜单强调了沙拉和名牌咖啡等新菜品，还标出了每道菜品的热量值，以增加饮食的透明度。

最终，麦当劳过去那有点儿廉价的氛围变成了一个更令人愉快和健康的地方。

### 创造

经历了漫长的计划准备阶段，我们发布了最终的计划。我们将论点及其分析汇集成一个可行的计划，当计划付诸实施时，也要观察它的实际运行情况。即使最完美的计划，也需要不断进行调整。因此，即使我们将计划付诸实施，也应该将其视为"正在进行的工作"，改进计划时，我们会收集到新的数据。

麦当劳大张旗鼓地推出了新计划。它邀请记者和评论家参加由连锁店厨师主持的晚宴，晚宴的菜品包括店里新菜单的部分内容。第二天，麦当劳重新装修的主要门店开张了。

麦当劳的形象得到了实质性的改善。随着该计划润物细无声地改变麦当劳在消费者心目中的形象，麦当劳的利润也有所上升。

## ↘ 行动步骤

让我们把这两种批判性思维模式应用于生活中的实际问题。这对你有两个好处：它会加深你对批判性思维过程的理解；如果你对批判性思维的理解够深刻，它还能帮助你改善日常生活。

长期而诚实地审视自己的健康状况。告诉自己：你有什么健康问题吗？你的血压、血糖、胆固醇等重要指标是多少？

再来看看你的日常习惯。你的睡眠充足吗？你的饮食怎么样？你锻炼吗？如果锻炼，多久锻炼一次？你的心理健康状况如何？真实地记录你日常的日程安排。

## ↘ 将框架应用到你的健康

现在已经分析了你的健康状况和生活方式，让我们用本章提供的工具再回顾一遍。

使用保罗-埃尔德框架分析你的日常日程安排。要非常诚实，不要粉饰你的错误，在下面写出答案：

### 目的

改善健康状况是你日常生活的主要目标吗？如果是，它是如何影响你的日程安排的？如果不是，为什么不是？这种情况需要去改变吗？

### 解决问题

保持健康的最大障碍是什么？你的日常计划是如何去克服这些障碍的？你是否应该做更多的工作？

### 假设

在保持健康的方法中，你是否做了潜意识或有意识的假设？应该挑战这些假设吗？

请特别关注你对锻炼、睡眠、饮食、药物和工作在生活中所起作用的假设。它们都被充分地检验了吗？

### 观点

你对健康问题有强烈的看法吗？例如，你是替代医学的忠实粉丝，还是依赖药理学的知识来得出结论？你是否从小就被灌输了对食物、毒品、酒精、锻炼、工作与生活平衡的特定看法？这会影响你的生活方式和健康吗？

### 数据和确认信息

看看你与健康问题有关的习惯，分析你的日常安排，研究一下具体的健康问题。

看看你每天的日程安排，研究一下适合你这个年龄的人的睡眠时间、运动量、饮食建议，把你的发现写下来。

### 创建推论并给数据赋予意义

查看你在研究中收集的数据。它如何反映你的假设？它是否暗示你应该在生活上做出重大改变？它会改变你对健康和习惯的理解吗？

写下你收集到的数据所指向的主要方向，再写下你新获得的重要信息。

### 沟通和语言

写下你对自己健康的了解，并回答以下问题：

1. 我的生活方式健康吗？

2. 我在解决我的健康问题吗？

3. 我每天需要做些什么来让我的生活更健康？

把答案写得尽可能清楚。现在把它读给你信任的人听。询问他们是否同意你的结论，你写的内容是否清晰。

### 影响和后果

现在，是时候制订一个新的日常计划了。利用收集到的数据和你对数据的理解，制定一个每日日程表，它将：

1. 随着时间的推移改善你的健康状况。

2. 要从实际出发，足够客观，让你能够坚持下去。

下面来看看使用布卢姆分类法分析你的健康状况的过程。坚持这个日常生活计划至少一个月，完成后，使用布卢姆分类法来检查这个过程，并将两个框架相互比较。

### 记忆

当开始分析自己的健康状况时，你是如何处理健康状况这个问题的？你对处理健康状况问题的最初想法是什么？

### 理解

一旦收集了相关的信息和资料，你是否有意识地投入足够的精力去理解它们？你的理解对吗？在这一点上你误解了什么信息？

## 应用

开始制订行动计划时，它是基于你之前收集的知识和资料吗？你忽略了什么重要的信息吗？你意识到你遗漏了什么信息吗？

## 分析

想一想你为克服所面临的挑战而提出最初计划的那一刻。你对之前收集的信息利用得如何？根据当时掌握的信息，你对问题及其解决方案的分析是否做到了极致？还是你在分析手头数据时犯了错误？

## 评价

在处理问题时，你是有计划的，还是随机应变的？如果是有计划的，计划制订得好吗？是过于乐观，还是过于悲观？

## 创造

你把制订的计划付诸行动了吗？是否更关注计划的某些部分？出了什么问题吗？是因为计划有缺陷，还是出现了无法预测的障碍？

现在详细回答以下问题：

1. 在这个案例中，你解决问题过程中最有力的部分是什么？

2. 你解决问题过程中最薄弱的部分是什么？

3. 现在你已经熟悉了保罗–埃尔德框架和布卢姆分类法，你还会采取什么不同的方法吗？

4. 这两种方法在解决问题时有何不同？你将来会使用哪种方法？为什么？

## ↘ 结论

我们从前面介绍的模型中了解到，只要有可能，我们就应该将批判性思维作为更广泛计划的一部分。只有一个好主意是不够的，保罗–埃尔德框架和布卢姆分类法为我们以结构化的方式利用批判性思维提供了极好的指导方针。

有时，我们会有一个灵感迸发的想法，并想要把它展示给全世界。这一点索尼公司当然做到了，但是它没有计划好行动。如果它做了更完善的市场调查，就可以了解到消费者想要的是录制时间更长的磁带，而不是更好的画质。这就是消费者的需求。

任何计划都有缺陷，我们不能预测所有重要的因素。但如果我们计划得当，就可以将意外的负面影响降到最低。通过运用推理的要素，我们也学会了在感到吃惊之余独立思考。

索尼最大的错误在于，随着新数据的出炉，高管却不想改变他们的假设。随着Betamax的失败越来越明显，他们并没有改变策略，而是继续专注于画质。在所有人都清楚这种模式已经失败之后，他们仍然继续执行这个策略整整25年。

毫无疑问，当时索尼公司的管理者和员工都非常聪明。然而，他们太执着于自己的方法，又太骄傲而不愿承认错误。

# 第三章

# 批判性思维的演变：
# 什么使批判性思考者与众不同

所罗门工会像从前的君主一样主持审判，伸张正义。

有一天，两个女人来到所罗门面前，向他陈述了一个复杂的案件。她们都是新生儿的母亲，同住一个帐篷。

一天晚上，一场可怕的悲剧发生了。其中一个婴儿在睡梦中死去。现在，两位母亲声称剩下的孩子是自己的。遗憾的是，没有可靠的证人，也没有有用的证据可以参考。因此，她们请求伟大的国王确定这个活着的婴儿属于谁。

国王思考着这个棘手的问题，突然下令："把我的剑拿来！"惊慌失措的女人们问国王拿剑做什么，国王回答："既然我们不知道谁是孩子的母亲，那就把孩子切成两半，给每个人平等的一份。"

其中一个女人接受了判决，并说，如果她不能拥有活的孩子，那么其他人也不能拥有活的孩子。然而，另一个女人喊道："把孩子给她吧，只要不杀了他！"所罗门露出了灿烂的笑容，裁定孩子属于那个对活着的孩子表现出无私之爱的女人。

这个判决闻名遐迩。许多人认为它是深刻智慧的典范。为什么这么说呢？毕竟，所罗门下达了一个疯狂的判决。把婴儿分成两半肯定会导致他的死亡。

然而，所罗门了解人性。他知道在他面前的女人中，有一个是刚刚失去孩子的绝望的母亲，她内心充满怨恨，试图夺走朋友的孩子。而另一个女人是一位慈爱的母亲，她有一个活生生的孩子。

所罗门建议把婴儿切成两半，希望能激发出其中一个女人的怨恨和另一个女人无私的爱。他设计的测试成功地做到了这两点，并最终解决了问题。

尽管有些人可能会把所罗门的判决视为不偏不倚的司法智慧的典范，但它也是高情商的产物。

国王在成功地理解两位母亲的情感内心世界时，展现了批判性思维的一个关键要素：同理心。

要成为一个真正的、有影响力的批判性思考者，需要具备一定的人格特质。最有深度的批判性思考者不一定是最聪明的。相反，批判性思考者往往是聪明、有才华并具有某些人格特质的人。这些人格特质包括开明、谦逊和具有同理心。

## ↘ 批判性思维的画像

在本章中，我们将深入探讨批判性思考者的特征。正如你所期望的，批判性思考者是善于分析且细心的思考者。然而，他们也拥有情感和道德天赋，我们并不总是把他们与理性和思想联系在一起。真正的批判性思考者一般具备多种特质。

记住，即使不具备其中的一些特质（当然，你至少具备了其中的一些），你也可以在思维过程中努力改善这些方面。思维就像肌肉，如果你以正确的方式锻炼你的思维，你的批判性思维能力便可以突飞猛进。

在我们的先入之见中，我们把有能力的思考者想象成知识渊博、智力超群的人。这些确实是批判性思考者所需要的品质。然而，批判性思考者并不一定比非批判性思考者更聪明。相反，他们将自己的智慧与系统思维、情感、勇气结合在一起。通常情况下，这需要你愿意为不受欢迎的观点挺身而出。

每个人都曾有过这样一种耿耿于怀的感觉，那就是常识中的某些东西并不正确。然而，人与人之间的相处还是比较容易的。每个人都会注意到，普遍持有的信念可能是有缺陷的。批判性思维者的不同之处在于他们愿意探索不同的选择。

一些最聪明的人通过他们特定的视角看世界。他们把所有与他们的世界观相悖的信息都视为麻烦。这些思想有限但很有影响力的人利用他们的智慧来达到自己的目的。

下面是批判性思考者的一些主要特征。

**追求真理**

批判性思维包括对真理的不懈追求。这意味着要去收集数据并进行分析，以揭示事物的真实本质。

批判性思考者看重他人的诚实品质。最重要的是，他们对自己很诚实。人们通常喜欢用善意的小谎言来安慰自己和他人。但当我们制订高风险的行动计划时，残酷的诚实可以节省很多时间和金钱。重要的是，要记住，遵循不准确的计划极有可能会出错。

例如，当制订计划时，我们应该接受批评，并检查这些批评中的可取之处。他人的冒犯会让我们不愿去考虑其中有价值的建议。此外，如果我们不鼓励他人为计划投入精力，他们将不再会给予，这同样会导致有用信息的丢失。

### 具有系统性

一个具备系统性思维习惯的人会积极寻求如何能够仔细而有条不紊地工作。这意味着在采取复杂的行动之前，他们会设计并执行一个详细而深入的计划，以实现他们的既定目标。

如果你看看布卢姆分类法或保罗-埃尔德框架，你会发现，它们被积极地划分为逻辑性的几个部分。这些部分被有意地组合在一起，构成了批判性思维的系统标准。当我们进行批判性思考时，绝不能跳步，只有在每一步彻底完成后才可以继续前进。

无论你的直觉有多好，寻找所有相关知识都是无可替代的部分。

批判性思考者积极追求系统思维的一个例子是获得背景知识。他们系统地收集与主题有关的所有信息，并进行仔细的分析。

一旦收集到相关的信息，批判性思考者就会遵循一个清晰且合乎逻辑的路径来解决当前问题。

本章前面有关保罗-埃尔德框架和布卢姆分类法的内容为我们提供了遵循系统路径解决问题的好例子。

### 善于分析

在解决问题时，我们很容易迷失在细节中。善于分析的头脑既能发现问题，又能解决问题。批判性思考者会专注于最重要的部分，而不是迷失在细节中。

例如，善于分析的人可以通过查看收集到的所有数据和信息来制订计划，并找出阻碍计划执行的最大障碍。在预测具体行动计划面临的最大障碍时，批判性思考者会列出可能的突发情况，并决定如何解决它们。

### 思想开放

再多的智慧也弥补不了思想的封闭。大多数人更有可能拒绝来自他们不喜欢的来源的信息。然而，批判性思考者绝不会仅仅因为信息来源而拒绝接受信息。他们将尽最大的努力根据信息的优点来评估其有效性。

例如，许多决策者在工作中会忽视下属的想法。资历较浅的个人的意见不太可能被接受。然而，有时资历较浅的人有更新鲜的想法，可以改变陈旧过时的方法。

我们不应该排斥那些自己不喜欢的观点，而应该培养自己尽可能公平地对待它们的能力。

### 自信

如果批判性思维能带来有意义的行动，它还必须包括捍卫和推广不受欢迎的观点的勇气。因此，一个有影响力的批判性思考者愿意在面对重大的社会反对情绪时，自信地支持真实和合乎逻辑的观点。要有效地运用批判性思维，这是最具挑战性和风险性的因素之一。

批判性思考者必须培养智力上的自信，以避免与自我怀疑有关的两个潜在的情感陷阱。一些缺乏自信的人害怕制订计划，认为他们的计划不会是高质量的，另一些人不愿意承认自己可能犯了错误。批判性思考者必须避免以上两种情况，必须愿意公开自己的想法，并接受公众的批评。

### 有好奇心

批判性思考者并不懒惰。我们常常因为懒惰而鹦鹉学舌。毕竟，如果我们遵循常识，就不必分析我们假设的逻辑。要发展新思想，我们必须愿意付出努力，挑战现有的正统观念。我们需要付出更多努力来确立替代方案。许多反思我们假设的尝试都会走进死胡同。

有时，我们害怕承担智力风险，因为我们可能会面临反对或尴尬。然而，我们需要勇于犯错。勇气和毅力对于培养批判性思维至关重要。

例如，我们可能会发现自己面临着两个计划：一个计划会带来更糟的结果，但招致的批评更少；另一个计划更有效率，但争议更大。选择阻力较小的那条路看似明智，却背叛了我们对真理的承诺。

### 认知与情感成熟

诚实评估事实的过程需要我们具备谦逊的品质。批判性思考者认识到，新信息可以而且应该破坏长期以来的假设。尽管挑战现行规范会带来心理不适和社会风险，但他们仍勇于坚持到底。

这听起来可能有些自相矛盾，但批判性思考者必须具有谦逊的品质和勇气，两者是相辅相成的。承认自己做得不好或做了错误的决定是需要勇气的。

我们也需要谦虚地承认，情绪会妨碍准确的分析。尤其是，愤怒和恐慌会影响我们的理智。当我们处于错误的情绪状态时，把决定搁置一边，这体现了谦逊。贸然做出决定则不然。

例如，父母知道他们应该避免在生气时管教孩子。相反，他们应该始终控制自己的行为。只有在对孩子有益的时候，才应该进行惩罚。

然而，当我们愤怒时，就很难在管教孩子的同时考虑到他们的长远利益。当我们感到愤怒时，我们的主要驱动冲动是摆脱这种感觉。我们的理性思维知道，如果我们管教孩子过于严厉，对他们的健康成长并无益处。因此，当我们运用批判性思维时，我们会在为时已晚之前阻止自己。除非我们承认自己："是的，我很生气。""不，我不应该做决定。"

批判性思考者谦虚地承认自己不是每个问题的专家，也不可能是专家。你应该愿意虚心听取他人的观点，即使（或特别是）他们挑战了你的观念。

### 宽容

要避免稻草人谬误[1]，就必须公正地审视论点。当别人提出我们不同意的论点时，我们往往会故意把它们描绘成荒谬的。

当你试图宽容地对待你不同意的论点时，请进行以下思考练习。不要想象你将如何"赢得"与他们的争论。相反，想象你需要问提出争论的人，你是否准确理解了他们的观点。他们会怎么说？他们会认为你对他们思想的表述是公平和准确的吗？想一想与你意见相左的人看待世界的方式与你不同的原因。这样做需要换位思考：能够设身处地为他们着想。

### 谦逊

谦逊不是缺乏自信，相反，它是一种诚实的认识。我们的知识和理解力是有限的。真正的谦逊是愿意欣然承认，我们的自我价值并不总是建立在正确的基础上。

一个真正的批判性思考者知道自己也会经常犯错。他们还拥有成熟的认知能力，能够重新审视自己的假设，并再次做出正确的判断。

## 有远见

没有人能预知未来，但批判性思维的过程可以减少对未来发展的大量怀疑和不确定性。在收集并分析所有相关数据后，批判性思考者应该对最有可能的发展情况做出合理的估计，并据此制订计划。

如果没有起码的远见，我们就无法计划未来。风险分析是解决问题的关键。批判性思考者会为所有最有可能发生的事情预估意外事件。

---

1　稻草人谬误是一种错误的论证方式，是指在论辩中有意或无意地歪曲理解论敌的立场以便能够更容易地攻击论敌，或者回避论敌较强的论证而攻击其较弱的论证。因为这类似很多文化中制作对手人偶进行诅咒攻击的巫术信仰，所以就有了稻草人谬误这个名字。——译者注

　　我们可以通过了解别人的想法来培养远见。在竞争激烈的商界，许多人将同理心视为软弱的标志，因为它与无法维护自己的利益有关。

　　这是对概念的误解。在批判性思维的背景下，同理心指的是，你理解别人如何思考以及为什么思考的能力。

　　伟大的军事家孙子说过："知己知彼，百战不殆。"打败敌人的关键是了解他们的愿望和希望。如果你知道别人想要达到什么目标，那么阻止他们达到目标就容易得多。

　　不要混淆同理心和同情。同情包括认同另一个人或团体，直到你能感受到他们的所作所为。深刻的同情可能会形成一种情感偏见，从而影响你的批判性思维。相反，你应该培养一种能力，去理解别人的感受及其原因。

　　我们很自然地会对他人的思维过程做出负面的假设。我们常常认为，我们不同意的论点背后的推理不如我们的努力。我们假定我们的对手消息不灵通或不了解所有事实。而批判性思考者拥有知识的完整性。

　　另一个常见的假设是，他人的观点缺乏诚意。我们可能会想，也许这个人是想破坏我在工作中的地位，因此不同意我的观点。

　　下一次，当你聆听一位你极不赞同的政治家的讲话时，请注意你的反应。你是否感到呼吸急促，并开始感到轻微的头痛？你可能会问自己，怎么会有理性的人持有这些观点？

　　光听这些观点就会让你不舒服。你几乎肯定会有换台的冲动。

　　下次看新闻的时候，不要换台，而是做以下练习。你对支持这些观点的政客有何看法？列出你认为此人的特征。你的答案几乎肯定会包含对其智商或诚信的轻蔑。通常情况下，你对这两者的评价都不会很高。

　　这是你的大脑在保护自己的确定感，将不同的观点拒之门外。

　　知识的完整性是一种公平对待他人观点的能力。他人的分析可能确实缺乏依据或存在偏见。然而，如果我们诚实，我们的分析也并非完全纯粹。

我们自己有意识和无意识的偏见在影响我们的思想和观点方面起着重要作用。和其他人一样，我们的信息和知识也有很大的缺陷。我们所认识的人中，没有人是客观的、不受污染的智慧和专业知识的源泉。

当我们践行真正的知识完整性时，我们会抛开对他人的智力或道德低下的偏见。相反，我们会根据论点本身的是非曲直来判断。

## ↘ 行动步骤

美国最高法院有数百项对争议和重要议题的裁决。该机构的法官用批判性思维来决定每天最重要的问题。

选取一项你感兴趣的最高法院著名判决。官方网站包括了最高法院从2014年至今的所有判决。

判决书中有一系列法官对法院的最终判决表示赞同或反对。根据批判性思考者的特点，分析每位法官使用的论据。尽量不要让你以前对所选问题的看法影响你的评分，应该只依赖每位法官的论证质量来评分。

在你阅读意见书之前，一定要对案件做一些研究。例如，阅读维基百科关于该案件的页面和一些有关它的新闻报道。这是一个很重要的练习，因为研究是批判性思维的重要组成部分。

### 追求真理

法官看起来更感兴趣的是推动一个狭隘的议程，还是寻求关于这个问题的真实和客观真相？

### 思想开放

每位法官如何对待与他们的观点和世界观相悖的信息？他们是公正

的，还是轻蔑的？他们是否提及了对判决持反对意见的一方没有提及的重要信息？你认为这是为什么？

### 善于分析

每位法官对法律在案件中的应用进行了怎样的分析？他们对这项判决的影响给予了多少关注？他们的分析对你来说是真实的，还是有具体的目的？

### 具有系统性

他们是否均匀地运用了律法的要素和逻辑推理，并在整个判决过程中使用相同的系统？他们是考虑了所有相关的要素，还是进行了挑选，以便让自己的观点更有说服力？

### 自信

法官在陈述自己的观点时是犹豫的，还是强硬的？他们对自己观点正确性的信心是真实的，还是只是一种行为？他们有多愿意承认他们可能是错的，或者一些信息与他们的观点相矛盾？

### 有好奇心

对法官及其法律专业性和背景做一些背景调查。他们有多愿意走出舒适区？不顾他们的先入之见，寻找能揭示案情的新信息有多重要？

### 认知与情感成熟

法官对形势复杂性的认识如何？他们是否避免了为使判决更容易而简化案件的冲动？他们的决定和推理背后有多少智慧和经验？

现在，看看你自己。在阅读这些意见之前，你同意谁的观点？阅读后，你的想法有任何改变吗？为什么？最重要的是，扪心自问：你对不同意的观点和同意的观点一样容易接受吗？

记住，培养批判性思维的目的是让我们能够公平地评估所有信息，无论其来源如何。这可能具有挑战性。正如你所看到的，即使最高法院的法官在这方面也会遇到困难。

但他们应该继续努力，你也应该如此！

## ↘ 结论

当所罗门王坐在审判席上时，他并没有俯视他面前的两个女人。他设身处地地问："在这种情况下，我会怎么做？"他成熟的认知能力使他能够预见事态的发展。

批判性思考者在评判世界时不会冷漠无情。他们与环境息息相关，了解环境。他们积极寻求新的信息，不怕挑战。然后，他们利用所获得的信息和见解来理解世界是如何运作的。

# 第四章

# 批判性思维的障碍

一句古老的空军格言说："如果你没有被高射炮击中，你就没有越过目标。"经验告诉飞行员，飞越高价值目标会吸引敌人的火力。由于当时识别目标的手段有限，防空火力的强弱很好地说明了飞行员的飞行方向是正确的。

其中还有另一个因素。在敌人的炮火中顽强地轰炸被认为是男子汉的行为。轰炸机机组所能做的最糟糕的事情就是避开强攻目标，试图在其他地方投弹。没有什么比这更能损害飞行员的声誉了。

1943年8月1日，177架盟军轰炸机从利比亚班加西起飞。他们的任务是轰炸纳粹在罗马尼亚经营的炼油厂。其中一个编队是美国空军第376轰炸大队。

该空炸机群转错了弯，最后飞到了罗马尼亚首都布加勒斯特上空。当他们接近布加勒斯特市时，遇到了敌人的高射炮火。然而，指挥官基思·康普顿看到下方有明显的民用建筑。他不得不当机立断。他想起了那句空军格言，决定下令空投。

就在此时，另一个中队通过无线电发送信息，警告这是个错误。如果他们没有进行干预，可能会造成无数无辜生命的死亡。由于先入为主的信念，基思·康普顿指挥官差点犯下可怕的错误。

这位勇敢的指挥官差点成为批判性思维常见障碍的牺牲品：事先未经审查的信念。

我们将在本章中看到，信念、偏见、直觉和某些情绪都可能成为批判性思维的障碍。然而，通过自我意识，我们可以克服这些障碍。在这里，请仔细留意，以便知道应该避免什么！

## ↘ 信念

康普顿指挥官差点犯下的代价高昂的错误就是肯定结果的例子。这种逻辑谬误分为两个阶段。首先，一个人认为在特定情况下可能会出现某种结果。其次，当结果出现时，这个人假设这些先入为主的情况是导致结果出现的原因。

然而，这往往是一种谬误。造成结果的原因可能完全不同。在一种情况下导致结果的环境可能不适用于另一种情况。

最原始的肯定结果的谬误是这样的：巴黎在欧洲。因此，如果我在欧洲，我就在巴黎。如此极端的谬误非常罕见。

我们为什么会犯这种代价高昂的错误呢？在复杂的环境中，我们无法实时处理所有相关信息。因此，我们依靠简化来快速做出决定。在这样做的过程中，我们在很大程度上依赖于我们早年接受的未经检验的信念。

这种倾向完全是人之常情。然而，当事关重大时，我们不能接受先入为主的文化假设。在这种情况下，识别和审视我们根深蒂固的假设可能是生与死的区别。

批判性思考者愿意彻底、客观地审视根深蒂固的信念。因此，质疑我们最珍视的文化信念的能力是批判性思维的核心。一想到我们习以为常的想法正在使我们的思维变得迟钝，就会感到不舒服，但这并不意味着它不是真的。

这并不意味着我们一定要放弃已经习惯的文化观念和传统。相反，我们现在是鼓起勇气看看这些文化观念和传统是如何经得起理性批评的。经过这个过程，我们可能会对自己的信念重新充满信心，因为它们经受住了考验。

在其他情况下，新的证据可能会改变我们的想法。增强信念的另一种选择是，得出这样的结论：我们坚持自己的信仰或某些想法是出于文化原因，而不是出于理性原因。这很好，前提是需要我们意识到这一点，并在做决定时考虑到这一点。其中的关键是，要对任何有证据支持的结果持开放态度。

无论结果如何，运用批判性思维对我们信仰的深度是有益的。在检验了自己的原则之后，我们将重新获得信心，相信我们的信念代表了我们所理解的真理。

考虑一下你的文化信仰是什么。你从父母、学校、工作场所得到了什么？它们背后有假设吗？它们有意义吗？你是否曾经开始质疑它们，但后来又停止了？这些信念和假设是否曾经阻碍过你发挥自己的潜力？

重新审视你内心深处的信念可能是一个痛苦的过程。然而，如果你对自己诚实，那么弄清楚这个问题会让你的内心世界大不相同。你的理性决策过程会因此得到很大的改善。

## ↘ 偏见

偏见是指一个人对某事有强烈的偏好或厌恶的感觉，而不管它的真实情况如何。这是一种看待世界的不公平的方式，但我们都经常这样做。

我们产生或接受思想不是为了满足求知欲，而是为了满足我们的情感需求。研究表明，我们的大脑会不惜一切代价避免怀疑带来的痛苦。因此，它会积极地寻找能给我们的生活带来秩序感和确定性的想法。

我们发展自己的思维模式，以此来应对不确定性。每当我们面临前所未有的情况，可能都会感觉到焦虑和压力。因此，从孩提时代起，我们的大脑就不断地寻求确定性。

我们认为童年是一段充满欢乐的时光，然而，焦虑是我们成长过程中不可分割的一部分。毕竟，在这个阶段，孩子们遇到的很多事情都是前所未有的、令人恐惧的。

孩子们渴望可靠的信息来源来缓解他们的焦虑，因此，他们如饥似渴地从父母和老师那里获取信息。这些来源的信息在孩子们的心中享有优先权，因为它们来自权威人士。因此，我们对世界如何运作的理解是基于思维形成时期的经历。

我们的大脑养成了一种寻求确定性而不是真理的习惯，这个习惯一直伴随到我们成年：我们执着于可信但未经检验的信息和价值观。我们仍然不愿放弃这些信息和价值观，因为那会增加我们生活中的不确定性。因此，我们经常遵循一种寻求真理的批判性思维过程。尽管我们坚持偏见可以让自己安心，但这会影响我们的判断，使我们更有可能犯下代价高昂的错误。

## ↘ 直觉

直觉是一种无须深入推理就能获得知识的尝试。哲学家常常认为这是一种有缺陷的思维方式。然而，对人类思维模式的心理学和认知研究表明，这是我们大脑运作的默认方式。

通常，当做决定时，我们会把有限的理性思考和大量的直觉结合起来。这种思维模式可以让我们成功实现短期目标，而不需要花费大量精力进行批判性思考。

启发法是指我们将直觉转化为思想和行动计划的方法。研究表明，我们对问题的绝大多数估计和解决方案都是基于启发法。

让我们看看这些方法在实际生活中是如何发挥作用的。很多时候，我们会采用试错法。

想象一下，你对葡萄酒没有什么研究，却在法国度过了一段时光。在这里，似乎每个人都会在晚餐时点葡萄酒。你不想感觉自己被冷落，看着菜单，但上面只有酒的名字，这对你的帮助不大。然而，你太难为情了，不好意思向主人咨询。当服务员问你要点什么酒时，你该怎么做？

也许你会点一杯解百纳，因为你喜欢这个名字。品尝之后，你很有可能喜欢它的味道，那么下次可以再点它，从而解决了你点酒时的尴尬，至少现在是这样。也许你会讨厌它的味道，所以下次你决定要尝尝梅洛。你完全不知道解百纳是不是正确的选择，但愿意以犯一个错误为代价以便下次能做得更好。这种形式的启发法被称为"试错法"。

也许，与其盲目地进行点酒冒险，不如试着想起记忆中关于葡萄酒的零星知识。你可能听说过红酒和肉类很配，而白酒和海鲜很配。点完夏多布里昂牛排后，你随便点了一杯红酒。这种方法比"试错法"有更大的成功机会，因为这种方法通常是准确的。

使用这种被称为"经验法则"的启发法，你至少可以避免点一杯和你的食物搭配起来味道很恶心的酒。然而，这并不意味着你会喜欢这种酒。

从理论上讲，用批判性思维来点最好的酒会给我们带来更好的结果。这个思维过程包括研究哪种葡萄酒最适合某道菜，该餐馆里有什么年份的酒，菜单上有什么酒，菜单上的价格是否物有所值，冰箱能否正确冷藏白葡萄酒，以及其他很多因素。

按照启发法点酒值得推荐吗？几乎肯定不是。它的优点是风险很低，在最坏的情况下，我们也只是喝了不喜欢的酒，或者被主人默默地品头论足。而且对许多人来说，冒险很有趣。我们花费在每一个决定上的时间和脑力都是有限的，而应用启发法通常已经足够好了。另外，想象一下，如果你周围的人知道你对选酒这么认真，他们会怎么想。批判性思维的过程是有社会成本的。

不止于此，只要人们相信：快速得出答案（不管答案正确与否）就能立即减轻不确定性带来的痛苦，启发法的应用就还是很广泛的。而对于批判性思维而言，质疑我们假设的漫长而不确定的过程是违反直觉的，因为批判性思维不能提供快速答案。更糟糕的是，批判性思维可能导致对多年来保护我们免受不确定性影响的长期信念的质疑。批判性思维将我们暴露在周围真实的不确定性中，会在短期内增加焦虑。这就是为什么启发法促成了我们绝大多数决策的原因。在所有情况下，这并不是一件坏事。

然而，虽然用启发法做决定的效果非常好，但对我们不利。我们习惯于花很少的精力来做决定，即使这些决定非常重要。但是这种简化的思维方式会导致各种各样的谬误，其中一种是合成谬误[1]，当我们将群体中的一

---

1　合成谬误（fallacy of composition），由美国经济学家萨缪尔森提出。它是这样一种谬误，对局部说来是对的东西（仅仅由于它对局部而言是对的），便说它对总体而言也必然是对的。——译者注

个成员的特征归结为与该群体相关的每一个个体的特征时，就会发生这种情况。

让我们来看看合成谬误是如何形成的。想象一下下面的例子：在一个聚会上，我们遇到了一个来自某个小镇的人。这个人在整个派对上都很令人讨厌，他对每个人都很粗鲁。由于我们从未到过那个小镇，我们与它的主要联系在目前是不愉快的，对这个小镇上的居民的评价是负面的。然而，当我们实地参观那个美丽的小镇时，遇到了无数可爱的人，又推翻了我们之前的印象。这提醒我们不要急于下结论。

一个类似的非逻辑思维的常见例子是关联谬误。当我们成为这种谬误的受害者时，会认为一个无可指责的人是"因关联而有罪的"。这是指我们认为与作恶者有联系的人有罪，尽管他们自己没有过错。

另一种谬误是人身攻击。在这种谬误中，我们的重点是诋毁论点的来源，而不是其有效性。当进行人身攻击时，我们会根据与论点无关的信息找到怀疑论点来源的理由。

一旦我们以不相关的理由攻击论点的来源，就会觉得我们已经让他们的论点无效了。但实际上我们并没有。没有一个信息来源是完美的，即使最不可信的信息来源有时也能提出强有力的论点。我们必须克服专注于信息来源的诱惑，而是在论点上锻炼我们的能力。

总之，启发法是思维的捷径，在某些情况下是有用的。如果我们做的是低风险的决定，例如，今晚在哪里吃饭，或者买哪个品牌的速溶咖啡，启发法是一种完全可以接受的决策方法，因为我们并不总是有时间或精力去进行完整的批判性思维的过程。

然而，当在工作或生活中遇到重要问题时，你要避免依赖启发法的诱惑。相反，要开始系统、积极地运用批判性思维来解决问题。在处理重要问题时，你绝不能退而求其次。

## ↘ 情绪

我们往往认为批判性思维是一种理性活动，只会受到情绪的阻碍。这只是部分准确。

的确，在某些情况下，我们的情绪会阻碍批判性思维。如前所述，这主要与我们认为的负面情绪有关。愤怒与批判性思维是不相容的。当我们愤怒的时候，我们往往会发泄出来，以缓解自己不舒服的情绪。

问题在于，我们不会权衡自己行为的后果。当我们因愤怒而采取行动时，我们最终会陷入比之前更糟糕的境地。

但有些情绪会让我们更仔细地思考，更努力地分析和解决问题。例如，如果我们对某一主题充满热情，或对某一目标深感关切，那么这种能量就可以转化为批判性思维。

只要确保在开始处理你深为关心的问题之前深吸一口气。确保遵循可靠的流程，如保罗-埃尔德框架和布卢姆分类法中提出的流程。让激情激发你的兴趣，但不要让激情左右你的进程。

情绪也可以帮助我们从道德和有益的角度来看待问题。例如，联合国成立了世界粮食计划署来应对世界饥饿问题。许多善良的人对世界营养不良的人充满了同情，这激发了更多人的兴趣和努力，使该计划得以启动。

世界粮食计划署积极果断地运用批判性思维来开展这项工作，并使其卓有成效。在预算有限的情况下，联合国需要找到廉价可靠的粮食来源，并向最饥饿和最需要帮助的人伸出援助之手。

为了向世界上一些遭受破坏最严重的地区提供粮食，联合国急切地进行了后勤规划，其工作之艰巨令人难以置信。由于这些坚持不懈的努力，该组织已经为88个国家的9700万人提供了食物。它的目标是到2030年将世界饥饿人口减少到零。

情绪对批判性思维的影响是复杂的。积极情绪可以激发我们解决问题的最佳本能。说实话，情绪会影响我们的判断，阻碍我们的推理过程。然而，积极情绪可以提醒我们什么是最重要的——让世界变得更美好，从而帮助我们构建批判性思维过程。与此同时，消极情绪通常会影响我们的判断，让我们追求错误的目标，例如，满足我们的不安全感或报复需求。

好消息是，我们很容易区分积极情绪和消极情绪的影响。所有那些被很多人认为的消极情绪都是阻碍。愤怒、嫉妒、自以为是和骄傲是批判性思维的障碍。同理心、同情心和慷慨之心则有助于我们思考，让我们为他人着想，而不是为自己着想。

一些情绪会妨碍我们，扰乱我们的思维。你曾经在生气的时候做过重要决定吗？你是怎么做到的？同样地，我们不想因为不喜欢信息来源而否定一些观点和证据。自私和嫉妒会限制我们去做对周围人有益的事。

这里有两条很好的经验法则。

第一条经验法则：如果你的情绪要参与到思维过程中（它们通常应该会参与），要确保它们是你高尚的情绪。同理心、耐心和宽容都是很棒的情绪，对产生批判性思维非常有帮助。在最佳情况下，愤怒、小气和嫉妒这些情绪都是不可取的，它们只会阻碍你进行理性思考。

第二条经验法则：情绪（这里指积极情绪）在定义问题和制订解决方案时是必不可少的。一旦确定了目标和要解决的问题，它们在确定你所遵循的流程方面就不那么有用了。例如，不要让情绪决定你如何衡量证据和认真对待哪些数据。

我们不能也不应该停止去感受，因为情绪的存在才让我们成为人类，那些最棒的情绪使我们的生活变得有价值。记住，在你开始推理之前，先让糟糕的情绪过去。

## ↘ 行动步骤

现在，我们将采取一些步骤，检查这些障碍迄今为止在你的决策中所起的作用。通过这样做，我们就能为未来规划出一条改进的道路。

想想你在以下三个领域做过的三个重要决定：爱情、事业和财务规划。诚实地写下你的答案。

**偏见**

1. 你检查了所有可行选择，还是在没有进一步检查的情况下就放弃了？

2. 你由于偏见而放弃了可行选择，还是因为理性而放弃了它们？

3. 如果偏见起了作用，你的偏见是什么？

4. 你的偏见产生了消极的或积极的后果吗？

5. 在未来的决策中，你将如何克服这种偏见和类似的偏见？

**直觉**

1. 当你做决定时，它主要是理性的还是直觉的？

2. 你的直觉告诉你什么？

3. 依赖你的直觉有消极还是积极的后果？

4. 这个决定是否太重要而不能凭直觉做出？

5. 今后，你将如何判断一个决定对于基于直觉的方法是否同样重要？

**信念**

1. 列出你认为对你的身份很重要的信念，而不是周围的每个人都认同的信念。

2. 看看每一个信念，它们是否影响了爱情、事业和财务规划这三个决定中的任何一个？

3. 你的信念的影响是积极的还是消极的？

4. 你当时是否意识到信念对你做决定的影响？

5. 你将如何保持信念对未来做出的决定有影响这种意识的？

**情绪**

1. 什么样的情绪影响了你的决策过程？

2. 你认为哪些是有用的，哪些会成为障碍？

3. 你的情绪是如何影响结果的？

4. 你的积极情绪（如同理心）对决策过程有什么影响？

5. 你的消极情绪（如愤怒）对你的批判性思维有什么影响？

写下你的答案。下次当你有重要决定要做的时候，在做决定之前参考一下这些问题和你的答案。当你写下答案时，一定要再确认一遍。

这些障碍是如何影响你的决策的？记住，我们都面临着批判性思维的障碍。然而，当意识到它们时，我们就会消除它们的大部分负面影响。

## ↘ 结论

当我们面对一个问题时，通过批判性思维来解决它并不是我们的本能。我们宁愿花更少的时间来解决问题，避免质疑我们的信念，相信我们的直觉。事实上，对于我们一生中所做的大多数决定来说，这个过程已经足够好了。我们不需要从头到尾使用布卢姆分类法来安排我们的午餐顺序。

对于生活中的重要决定与最复杂的职业问题，我们应该进行耗时的批判性思维过程。我们不能也不应该把批判性思维用于每一个小决定。但当涉及这些决定时，我们必须避免主要依赖直觉、信念和偏见。正如前面康普顿指挥官的案例那样，这可能是生死攸关的问题。

# 第五章

# 准备、设置、开始：
# 将批判性思维应用于工作和生活中

我们已经了解了批判性思维在理论上是如何运作的。但它又是如何实践的呢？我们如何在日常生活中运用它们呢？无论我们身处何种环境，生活总会给我们设置一些意想不到的障碍。

当我们把最好的想法用现实来检验时会发生什么？如果事情没有按计划进行怎么办？当我们的批判性思维过程脱离书本，我们发现必须与真实的人打交道，而他们以不可预测的方式做出反应时，可能会打乱我们制订的最佳计划。

想想可口可乐在与百事可乐的"可乐大战"中所处的困境。20世纪80年代初，由于竞争对手百事可乐的成功，可口可乐的销售额下降了。作为回应，可口可乐改变了产品配方。他们将最畅销的饮料重新命名为"新可乐"，并加糖以吸引不断增长的青少年市场。

但这并没有起作用。可口可乐的忠实顾客被激怒了。数以万计的电话和信件源源不断地涌向可口可乐位于亚特兰大的总部，都在投诉这种新口味的可乐。而雪上加霜的是，青少年仍然更喜欢百事可乐。

可口可乐失去了老顾客，也没能获得新顾客。此时，一个名为"美国老可乐爱好者"的组织突然出现，并收到了数十万美元的捐款。

可口可乐的营销主管们很快意识到，原来的配方从来就不是问题，它仍然受到美国人民的喜爱。相反，可口可乐的问题是由于营销不力，其销量才一直下滑。可口可乐从一开始就不需要更换新的配方。

在推出新配方仅仅79天后，可口可乐就恢复了旧配方，并将其重新命名为"经典可口可乐"。可口可乐的高管给了美国老可乐爱好者组织的创始人一大箱新的"老可乐"。人们对旧口味的反应如此热烈，以至于一位高管挖苦道："你会以为我们治愈了癌症。"

为了占领青少年市场，可口可乐发起了一项新的活动。它的形象是一个奇怪的像素化电脑人物，该形象穿西装、打领带，被称为Max Headroom，它会用电脑调制的声音效果交替评论。这种做法非常奏效，增加了可口可乐在该人群的销量。从那时起，可口可乐成功地针对青少年发起了一系列活动。

与此同时，可口可乐没有动摇其久经考验的正确配方。

从上面的案例中我们可以学到，仅仅有一个好的理论计划是不够的，需要不断根据现实世界进行调整。我们需要实事求是，懂得如何把自己的想法付诸实践，并说服他人帮助我们。

本章将探讨如何将批判性思维应用到我们生活的不同领域。我们必须根据实际情况调整计划，不要重蹈可口可乐的覆辙，审视自己的特殊环境和周围的人，然后制订经得起现实考验的计划。

## ↘ 运用批判性思维

现在你已经准备好去运用批判性思维了。这是一个重要时刻，事态的发展迅速而激烈，但这并不意味着你可以停止推理。

在阅读了前面的内容之后，我们应该理解了批判性思维的基本原理，也应该知道什么是合乎逻辑的论证和不合逻辑的论证。

了解了布卢姆分类法和保罗–埃尔德框架之后，我们知道如何解决问题并做出更好的决定。我们应该把这些知识应用到生活的各个方面。我们的家庭生活、事业、教育、友谊和浪漫生活都可以从清晰的逻辑思维中受益。

在本章，我们将看看生活的不可预测性是如何威胁到我们最好的计划的。但是请记住，具备一些预见性和合理的反应，自信的批判性思考者可以很好地应对任何危机。

在实施计划的过程中，难免会遇到一些意外。不要将这些意外视为挫折，而应将其视为新的相关数据的引入。

当事情没有按计划进行时，不要立即做出反应。我们就是这样犯错误的。出去散散步，或者做你喜欢的冥想，然后回到计划阶段。思考新数据对计划的有效性意味着意义，并进行相应的调整。把你的计划看作一个有生命的有机体，而不是一成不变的成品。

## ↘ 现实生活中的批判性思维

批判性思维是一种完全基于理性和证据，对相关观点进行全面、独立思考的能力。它是一种专注而严谨的行为，将我们的思维能力用于解决现实世界中的问题。

正如人们所预料的那样，练习批判性思维的人都很聪明且知识渊博。他们在解决问题的方法上也具有系统性和分析性；他们在认知上也很成熟，有同理心；最重要的是，他们追求真理。

批判性思考者思想开放，好奇心强，不会让偏见影响客观分析。在情感方面，他们自信且认知成熟，能够理解自己和他人的情绪。批判性思维的过程为掌握这种思维的人提供了对现实生活发展的大量预见性。

当我们使用这些工具时，我们自己也会成为批判性思考者。因此，我们更善于发现自己和他人思想中不合逻辑的推理和谬误。现在，我们不太可能提出错误的论点或依赖不可信的数据。最后，我们会成为更好的决策者。也许最重要的是，我们可以通过解决相应的问题，让我们周围的世界变得更好。

但这些都是理论上的。我们如何在现实生活中运用批判性思维呢？下面列举一些方法和途径。

### 互联网

收集数据和信息是做批判性思维的关键，收集数据和信息并不容易。

在理想的批判性思维模式中，我们收集可信的信息并进行客观的处理。然而，在现实中，我们如何知道哪些信息是准确的，哪些是误导性的呢？不可靠的信息来源有时甚至会欺骗专家，我们这些临时性的"研究人员"分辨起来更是困难重重。

说到做研究，我们不一定会想到常春藤盟校或《哈利·波特》中那种令人印象深刻的图书馆。事实很简单，如今大多数研究都是在互联网上进行的。当被问及如何做研究时，只有不到2%的本科生提到了非互联网资源。

当今世界，我们依赖互联网获取越来越多的信息。只要在搜索引擎上搜索一个话题，就能得到大量的信息，其中有些是知名教授写的，有些是

"网络喷子"写的。遗憾的是，我们找到的很多东西都不是真正的信息，而是虚假信息。

我们如何区分它们呢？下面是一些有用的基准评测方法。

**未注明出处或出处不明的人**

如果你不知道正在阅读的文章是谁写的，也不知道作者对这个话题了解多少，请谨慎。作者可能非常可靠，也可能完全无知，或者在某个方面有很强的偏见。

**利益相关方**

具有强大资质的个人或组织可能提供了这些信息。然而，他们可能会在某个特定的观点上引导舆论。即使信息的来源是可识别的或受人尊重的个人或组织，在信赖这些信息之前，也要检查它们是否在某些方面存在偏见。

这些提醒适用于大众媒体、智库和消息灵通的博客、微博、公众号等。我们可以使用这些资源，但要小心。通常，它们更多的是告知我们流行的观点是什么，而不是提供事实信息。

**科学资料来源**

没有一个资料来源是完美的，但是那些由大学和科学基金会管理的资料来源比大多数其他资料来源更可靠。期刊文章必须经过同行评审才能发表。这意味着专家和科学家会严格检查资料来源，并找出其中的问题或不准确之处。最好始终使用这些资源，特别是正在从事一个重要项目的时候。

对于任何信息源，尤其是互联网，一条重要的经验法则就是交叉信息源。如果你想证明信息是可靠的，要确保它有一个以上的可靠来源。

**课堂**

研究人员将批判性思维的发展与教育的发展联系起来。一代又一代，学生们通过背诵答案、诗歌和乘法表等，取得了好的成绩。

考试标准化，教师死记硬背。这使得教师、评估人员和学生的生活相对轻松，因为没有人需要过度思考。然而，这也是问题所在。

这种学习方法鼓励年轻人获取和保持知识。然而，并没有鼓励他们去思考。到了20世纪，越来越明显的不足是，传统的教学方法并没有让学生为现实生活做好准备。

随着美国进行以信息和服务为基础的经济转型，工人们每天都要处理不可预测的问题。同样重要的是，作为国家的公民，他们需要批判性地分析信息，以备选举或成为公职人员。

而到20世纪末，教师们一致认为，他们的主要责任之一是鼓励批判性思维。如今出版的几乎所有课程都将鼓励批判性思维作为主要目标。

然而，这似乎并没有对学生的能力产生太大的影响。为什么教授批判性思维这么难？有没有可能教授和学习这些技能？

答案是肯定的。事实上，没有人需要学习批判性思维。我们天生是好奇的生物。想想人类创造的所有发明，克服的所有障碍，将我们所依赖的科学和技术带到世界上。每一个突破都代表了人类通过批判性思维解决问题的本能。

但是我们的思想是懒惰的。柏拉图是苏格拉底的学生，他曾经写道："需求或问题鼓励创造性的努力来满足需求或解决问题。"我们通常把这句话简化为"需求是发明之母"。当环境把我们推向不安全的境地时，人类的聪明才智和创造力就会变得无穷无尽。当我们没有动力时，我们认知懒惰的能力也同样是无限的。

教授或学习批判性思维的重点不应该放在教授解决问题的基础知识上，毕竟，死记硬背布卢姆分类法也只是给我们更多的记忆。我们需要鼓励学生使用他们现有的批判性学习能力。

下面是课堂上鼓励批判性思维的方法。

### 基于项目的学习

培养学生批判性思维的最好方法是让他们做项目。我们不应该在设计这些项目时只考虑单一的解决方案。相反，它们应该是开放式的，这样学生就可以在出现不可预测的问题时想办法进行处理。项目能激励学生，因为他们对结果有一种主人翁意识。

### 提问

要鼓励学生就主题提出问题，培养批判性思维能力最重要的元素之一就是学会提问。然而，我们通常都会提供问题让学生回答。

让学生自己提出问题有两个好处。第一个好处，这有助于他们培养提问的技巧。通过提问，学生们会专注于他们感兴趣的要素，并更能投入进去。提问激发了人类天生的好奇心。

第二个好处，研究表明，比起回答问题或总结材料，提出问题需要更高的理解能力。

一个非常成功的班级游戏使用了《危险边缘》（美国的一个智力问答节目）的模式。学生在课堂中学习了一个主题后，就可以用这个节目的模式构建一个问题表，众所周知，之后会将问题分为不同的类别，并根据难度的等级进行排序。

### 工作场所

曾几何时，一个人受雇于一个特定的工作岗位，可以期望在同一家公司工作一辈子，或多或少做同样的事情。而如今，经济的动态性要强得多。因此，我们更换工作的频率要高得多，我们所从事的工作往往无法完全符合我们的工作描述。

这意味着我们必须独立思考，为工作中的意外挑战做好准备。这就意味着，在当代经济中，批判性思维能力增强的员工可能会表现得更好。

虽然有些人独自工作，在运用批判性思维时享有更大的独立性，但大多数公司和行业都需要大量的团队合作。因此，在工作场所培养批判性思维是一项团队运动。

如果是这样，我们如何在工作场所鼓励批判性思维呢？

**雇用偏好批判性思维的人**

鼓励批判性思维的最明显的方法就是，雇用那些在工作中练习批判性思维，并且在工作中尊重理性思维的人。因此，你可能希望在招聘过程中包含一些开放式问题，这将帮助你淘汰那些没有批判性思维能力的应聘者。

**鼓励批判性思维的文化**

在你的工作场所，你可能已经拥有大量未被开发的批判性思维潜力。但是，如果鼓励个人故步自封，按照最狭隘的参数完成工作，那么批判性思维的潜力就不会凸显出来。

僵化的等级制度是自由思考环境的大敌。我们称这种不健康的现象为"群体思维"。

在错误的工作环境中，员工无法安心接受批评或相互批评。没有信任，个人就会产生防卫心理，怀疑对方有恶意。

解决这一问题的最佳方法之一是，创建一个"安全区"会议。小组中的每个人都可以批评他人，无论其级别高低或个人关系如何。尤其是上级有责任鼓励下级放心地指出错误和意见分歧。

在完成一个项目后，组织一次"经验教训"会议，分析所犯的错误，并强调未来改进的机会。

**强调解决问题的过程而不仅仅是解决方案**

我们的上级会根据我们快速高效地解决问题的能力来评判我们的工作表现。因此，当我们遇到专业问题时，我们的第一反应自然是证明自己能够立即解决问题。这往往会牺牲对问题影响的充分理解。这也鼓励了"速战速决"的解决方案，而不是创造性或深入的解决方案。

与其急于找到解决方案，不如让团队遵循以批判性思维为导向的解决问题的过程。最好的方法之一是，让工作团队充分了解问题及其各个方面，随后应全面收集数据。

在执行这些初步步骤后设计的解决方案可能会更加周全。

这些在工作场所促进批判性思维的建议都是自上而下的建议。但是，如果你想在工作中融入批判性思维能力，却很难让其他人接受，你该怎么办呢？

一旦我们提出了精辟、结构合理的思想和论点，我们就需要将其传达给他人。这是一种相关但截然不同的艺术形式。遗憾的是，最能说服听众的往往是谬误最多的诉求。修辞学与哲学之间一直存在着矛盾。前者的重点是赢得群众，而不管真相如何。后者则是发现真理的艺术，无论真理是否令人信服。

如何推销自己的论点呢？

### 了解你的听众

为了达到想要的结果，你需要说服谁？什么样的论点对那个人有效？

人们倾向于认为批判性思维能力是非常理性和有逻辑的。然而，如果你要说服的人没有很好地回应你，该怎么办？如果你的目标受众更情绪化，也要考虑到这一点。一些目标受众可能非常倾向于采用传统的做事方式。在这种情况下，攻击"旧方法"的论点可能是一个坏主意。

吸引听众并不意味着你要改变论点的本质。你通过批判性思维的过程得出了一个卓越的结论。如果改变你的论点会带来较差的结果，那就不要这样做。相反，要把你的优秀产品推销给合适的受众。

**清晰明了**

如果你所说的没有被理解，你的论点甚至不能说服最容易接受的人群。如果你的目标受众是敌对的，他们就会攻击任何模糊的元素。

在把你的观点传达给别人之前，请确保你的头脑清醒，否则你的一些术语和术语之间的联系可能对你或他人来说会模糊不清。在与目标受众接触之前，请可信的第三方来阐述你的观点。

让第三方来重复你的论点。如果他们不理解其中的某个关键元素，那么你的受众也很可能不会理解。把批判性思维能力像激光一样集中在那些薄弱的方面，根据需要重新定义或重组你的论点，直到它们在你的脑海中愈加清晰。

**做好反驳的准备**

即使你面对的是一个友好且乐于接受的听众，也可能会遇到一些反对意见或收到探究性的问题。在面对冷漠或怀有敌意的听众时，这种预期是加倍重要的。当别人表达他们的反对意见或保留意见时，确保你已经准备好了答案。

你必须分两个阶段来做这件事。首先，在你最初的论点陈述中，建立一个强有力的替代论点。试着在最初的陈述中消除反对意见。要做到这一点，就要处理好可能的批评，然后消除它们。这可能并不总是有效。因此，请为你的论点面临的直接挑战准备好答案。

其次，不要歪曲理解对方的反驳。记住，你的目标不是向旁观者证明谁是对的，而是希望让听众相信你的答案是正确的。人们总是倾向于把对方的论点说得比实际情况更弱。我们的本能是尽可能让对方显得不可信，有时甚至完全荒谬，以帮助我们"获胜"。

试图通过批判性思维说服别人，这是一个失败的策略。就批判性思维的标准而言，这是一种欺骗。在做"稻草人"论点[1]时，我们并不是在评估哪方立场是最强的，相反，我们正在参与一场导向性的比赛。

批判性思维的核心是真心实意地努力寻找解决问题的最佳方案。通过真正倾听和理解反驳意见，我们可能会发现自己推理中的缺陷。虽然这可能是一种不愉快的经历，但它最终会使我们在思想和行动上取得更好的结果。如果不公平的反驳意见，我们就会为了建立自我或声誉而放弃对真理的承诺。

除了道德上的争论，反对建立"稻草人"论点还有一个实际的胜利。当你故意歪曲他人的论点时，他们就会注意到。这可能会使你的目标受众的注意力从与你合作转向与你作对。面对目标受众的反驳，你的主要目标是消除他们的顾虑。记住：目标是说服他们与你一起实现你的想法，而不是打败和羞辱他们。

### 家庭

我们往往认为家是温暖情感的舞台，而不是冰冷的批判性思维的舞台。但是，正如我们已经讨论过的，批判性思维可以是情感驱动的，必须涉及情商。因此，我们可以而且应该利用我们的智力来促进我们健康的情感需求和愿望。

正如我们所学到的，批判性思维有助于出色地解决问题，是解决重大问题的重要工具。你将面临的一些最重要的问题是家庭问题。例如：

- 我应该买哪套房子？
- 我应该送孩子上哪所大学？
- 我应该把年迈的父母送到养老社区，还是自己照顾他们？
- 我应该因为不开心而辞掉高薪工作吗？

---

1  见本章前面"稻草人谬误"。——译者注

- 我应该和配偶离婚吗？

这可能是你所做的一些高风险决定。然而，在做出与家庭有关的决定时，我们可能最容易受到偏见的影响。然而，我们经常以一种混乱的方式做出这些决定。

这意味着批判性思维是在家做决策不可或缺的工具。

在一些小的决定上，我们也可以从批判性思维中受益，如去哪里度假、是否翻修房子等。

最后，如果你有孩子，就有机会在他们很小的时候把使用批判性思维的习惯灌输给他们。

如果是这样，我们就有很好的理由在家里创造批判性思维的氛围。采用透明的方式可以做到这一点。

例如，孩子们经常会问父母为什么要做某件事。有时，我们的配偶也会问同样的问题。很多时候，我们本能地会说："因为这是我说的！"然而，研究表明，当我们清楚地解释我们行为背后的理由时，孩子们的智力反应会好得多。这有助于他们理解，行动和想法都是在一定的过程和背景下发生的。

解释我们为什么这样安排事情还有另一个好处。有时，当我们的方法受到质疑时，我们会很生气，因为我们做事是出于习惯和僵化。所有这些都会导致怨恨、混乱和次优方法。

**家务**

向每个人解释你为什么要这样安排家务和其他程序。耐心倾听包括孩子们在内的任何人的改进意见，并采纳值得改进的意见。

一旦大家都同意了，就做以下事情：

1. 向每个人清楚地解释他们的家务是什么以及为什么要做这些家务。

2. 逐步指导孩子们如何做家务。

3. 允许孩子们选择他们喜欢的家务。

当家庭中的每个人都了解了家务分工，大家就会一起努力，让家变得更有效率、更舒适。

**家庭度假计划**

让我们面对现实吧！当我们有了孩子之后，在度假的时候往往不得不做出一些严重的妥协。在他们很小的时候，他们会想要去迪士尼乐园，而长大一些后，他们可能根本不想和我们一起出行。

没有办法让每个人都满意，但这些决定可以创造一个教育机会，向孩子们传授批判性思维能力。在这个过程中，我们也可以提高自己的能力。

1. 与家里所有足够大的人讨论假期的可能长度和预算，让他们做出决定。

2. 请每个人提出自己心目中的前三个度假目的地，只要它们在预算范围之内。每个建议都必须列出优点和缺点。同意对选项进行公平投票。每位成员的一个建议都将进入最后一轮。

3. 让每个家庭成员进行陈述，说服其他人为什么他们的家庭度假建议是最好的。然后投票决定最终目的地。

4. 召开一次家庭会议，讨论带什么行李。家里的每个人都可以按顺序提出要带的东西。然后决定由谁来打包和携带。

5. 以类似于第二步建议的方式共同决定活动。家庭中的每个人都应该至少喜欢一项自己非常感兴趣的活动。让家庭中的每个人都有发言权，同时保持你的最终决定权。如果你这样做了，家里的每个人都会觉得他们是决定的一部分。他们也会觉得自己是决策过程的一部分。这个过程将帮助孩子们了解如何共同决策，以及在进行批判性思考时要考虑哪些因素。它还能让你和你的配偶负起责任，并保证你们出于正确的原因做出决定。

## ↘ 行动步骤

以上是将批判性思维融入日常生活的具体行动步骤。然而，这些例子并没有涵盖你生活中的所有重要领域。

看看上面的例子，你是否能针对这里没有涉及的重要生活领域提出自己的行动步骤。

想想如何通过练习来改善你生活中的以下内容：

- 你的爱情生活。
- 你的烹饪技巧。
- 你的业余爱好。
- 重要的友谊。
- 与核心家庭以外的亲戚保持联系。

把它们写下来并参与其中。你还可以与其他同样参与这些活动的人分享，并获得他们的反馈。

如果说本章能给你带来什么启示的话，那就是你可以将批判性思维运用到生活中的任何重要方面。你不会后悔的！

## ↘ 结论

在本章中，我们了解到，在制订了经过批判性思考的美丽计划后，我们必须在现实世界中将其付诸实践。无论是在工作中、在家里、在课堂上，还是在网上，我们都会遇到障碍。有人会阻碍我们。我们的信息来源可能不可靠，我们可能不得不说服持怀疑态度的人，我们可能会在途中遇到令人不快的意外。

但是，如果我们做足了功课，并在批判性思维的基础上制订了真正可靠的计划，我们就应该没问题。遇到障碍时，不要惊慌。不要像可口可乐那样，一遇到困难就放弃产品。振作起来，根据具体情况调整计划。

# 第六章

# 培养和实践批判性思维的简单而有趣的心理练习

我们在前面已经讨论了如何进行批判性思考，但我们如何在日常生活中运用这个能力呢？英国作家马尔科姆·格拉德威尔有句名言：要想在任何努力中取得伟大的成功，都必须达到1万小时的"刻意练习"。但是别担心，我们没有必要在无聊的练习上花费大量的时间，毕竟，我们的目标不是伟大，相反，我们的目标是能力。

在保持繁忙的日程安排的同时，我们是否有可能花大量的时间进行批判性思维练习？绝对地。我们可以把练习融入日常生活中。

我们已经进行一半。养成批判性思考的习惯并不需要重塑自己，它仅仅意味着强化你大脑已经表现出的最佳倾向，它还包括减少我们懒惰和破坏性思维习惯的影响。

生活每天都会给我们带来无尽的困境和问题。每个工作日的早上，我们都可能面临这样的困境：我应该买杯咖啡吗？如果要买的话，买哪种口味的？更重要的决定也会定期出现，例如，我应该向老板要求加薪吗？生活为我们提供了经常需要的锻炼。

我们已经在运用批判性思维来解决这些问题。

## ↘ 运用批判性思维解决问题

### 不明确的问题

我们现在没有做的是系统地思考各种可能性。培养批判性思维能力的一个行之有效的方法就是解决没有明确解决方案的问题。

解决这类问题有很大的好处。生活中经常会有一些不明确的问题需要我们去解决。我们往往缺少的是把日常问题当作锻炼批判性思维的机会。

当我们用批判性思维来解决日常问题时，我们会同时完成两件令人惊叹的事情：我们的大脑变得更敏锐、更具批判性；但更重要的是，我们能做出更好的决定。

不是所有的决定都是正确的。无论我们多么努力，都可能会错过做出正确决定所必需的关键信息。或者有时在某些条件下做出了最好的决定，却遭遇了坏运气。然而，培养批判性思维，做出正确决定的比例会增加，这意味着你的生活质量会随着时间的推移而提高。

研究表明，批判性思维练习和游戏是养成不同用脑习惯的有效方法。这里建议的练习是一个很好的起点，因为它们旨在深化探究，与我们的习惯和兴趣相联系。希望这些练习能有助于将批判性思维融入你们的日常生活。

### 开放式练习的例子

#### 旅游报告

你是否要前往国内或世界其他地区旅行？你的业务是否正在扩展到另

一个地区？或者，也许你只是对世界的某个特定地区感兴趣？让我们利用这种相关性或兴趣来了解世界上的这一地区。

1. 提出一个你一直感兴趣的关于世界上这一地区的问题。问题可以与美食、政治、文化、艺术或任何其他特色有关。确保这个问题不能用简单的"是"或"否"来回答。

例如，假设你要去中国旅行。你有没有想过，在美国餐馆吃到的中餐和中国人吃的中餐有什么不同？你可能想知道：中国有哪些地方菜系？

2. 收集材料回答问题。确保查阅的是与所提问题相关的可靠信息。试着查看是否可以从多个可靠来源获取信息，以确保其真实性。

例如，使用互联网资料来源。从图书馆借一本关于中餐的书；观看几部纪录片，看看它们对主要地方菜系的描述是否大体一致；看看每个地方菜系的主要菜肴是什么。

3. 分析数据。你在几个信息来源中查阅的结果一致吗？它们的分歧是什么？检查不同的资料是什么时候编写或制作的，作者是谁。之后决定你认为哪个来源更可靠，以及为什么。

例如，也许有些资料不同意某个地方菜系的名称，或者不同意某个地方菜系是否重要，也许不同意把某个菜品作为那个地区的主菜。你如何判断哪些信息更可靠？也许你的一些资料是最新的，或者有支持者在中国待的时间更长，或者你对中国的饮食和文化有更广泛的理解。选择正确的来源是非常重要的。

4. 使用收集到的数据来绘制地图或制作相关图表。数据可视化可以帮助我们更深入地理解其背景和更广泛的含义。

例如，找到一张中国地图，根据菜系将其划分成几个部分，划分的时候要尽可能准确。或者按地区划分出当地最受欢迎的食物。可视化的具体内容并不重要，重要的是在表述过程中做出的决定以及对视觉刺激的深入理解。

5. 根据你的研究撰写一篇文章。在你的研究中选择一个特别感兴趣的要素，并讲述关于它的完整故事。试着让故事尽可能有趣和吸引人。

例如，当你浏览资料来源时，是否有一个故事或一条信息让你印象深刻？也许有一个人、地区或菜肴有着迷人的起源？它有什么有趣之处？深入研究并扩展这个故事。把故事组合起来，即使是对中国烹饪不感兴趣的人也会对此感兴趣。

**电视节目分析**

你是否要开始刷剧了？当然是。许多人认为看电视剧是在浪费时间。但一部情节激烈、人物有趣的电视剧能激发我们进行批判性思考。我们经常想知道，是什么促使这个角色那样做的？为什么这个角色会被杀死？是因为情节原因还是制作原因？接下来会发生什么？如果我们在那个位置，会怎么做？

如果我们把注意力集中在这些问题上，它们就可以成为非常有用的批判性思维练习的途径。下次当你开始一个新节目时，不妨利用这个机会进行下面的批判性思维练习。

1. 看完2~3集后，写下剧中主要人物的名单。对每个人物的特点做一个大致描述的表格。例如，他们的动机是什么？他们为什么会这样做？每当编剧添加一个新的重要角色时，更新你的表格。

2. 在每一集的结尾，写下角色在这一集的表现。将其与你最初对角色动机的分析进行比较，回答自己：角色的行为是可预测的吗？你感到惊讶吗？当一个角色让你惊讶时，问问自己：为什么让自己惊讶？是剧本前后不一致，还是人物性格有变化，抑或是人物性格总比我们看到的要复杂？

3. 当你看到每一集的结尾时，想想每个角色的社会意义。这个角色是否代表了更广泛的社会问题？如阶级、种族、政治、道德或其他你能想到的类别。这种表现是有意为之吗？这样的表现公平吗？它是以牺牲故事为代价的，还是为叙事服务的？

4. 看完这部剧，将你对角色的最初印象与最初的想法进行比较并分析：你最初对他们动机的评估准确吗？你对他们的故事的结局感到惊讶吗？人物的命运是否具有社会意义？作者是否专注于叙事？……

这些练习是培养批判性思维的有趣方式。你可以因此学会构建问题、收集数据、创建视觉叙事和口头叙事，这些练习甚至可以在参加那些看似愚蠢的活动中进行。

**新闻评论**

我们从未有过如此多的新闻来源。社交媒体让我们接触到各种伪装成新闻的信息或虚假信息。然而，其中大量信息根本不可信。其中有些是基于事实的，却在某个方向上有很大的偏差。而有些事实和观点常常被当作可靠的新闻交替出现。

区分事实、观点和虚假信息非常重要。通过本练习，我们可以进一步提高区分能力，同时提高批判性思维能力。

新闻报道至少包括以下要素之一：

1. 事实：这是一些真实的信息，可以根据具体的信息或数据加以证明。

2. 观点：基于对世界如何运作以及应该如何运作的概念而提出的观点。同时，观点是基于事实的观点，但最终无法证明对错。

3. 虚假信息：伪装成事实的零碎信息，你可以根据具体信息或数据对其进行反驳。

**练习**：下一次，当你发现自己对某个成为头条新闻的事件非常感兴趣时，请执行以下操作。

1. 收集五篇关于该主题的文章。一篇来自你经常使用的新闻来源。两篇来自你不喜欢的新闻来源，两篇来自你不知道或没有意见的新闻来源。

2. 仔细阅读每篇文章，并根据以下指标从1分到10分给每篇文章打分：报道的准确性如何？阅读的趣味性如何？你对文章立场的认同度如何？

3. 列出每篇报道中有多少重要的相关事实。把它们写下来并交叉引用。有哪些事实在所有故事中都出现过？有哪些事实出现在大多数故事中？有哪些事实只出现在一个故事中？

4. 现在，列出每个重要事实的清单，无论其来源如何。根据以下指标给每个事实打分（A代表100%准确，F代表无耻谎言）：

- 这一事实能否毫无疑问地得到证实？
- 如果可以，它是否经过验证并以数据为基础？
- 数据来源是什么？是否可靠？
- 事实的表述是否有明显的偏差？
- 表述是否具有误导性？是否遗漏了你可能在其他一些报道中看到的重要内容？
- 是否有伪装成事实的观点？
- 是否有一些"信息"伪装成事实？这里提到的一些信息是否被其他报道令人信服地推翻了？

5. 现在将这些事实重新归类到你找到的文章中。哪些文章主要基于B级及以上的事实？哪些存在大量虚假信息？

6. 现在将文章的事实性与你在第2步中给每篇文章的评分进行比较。比较结果如何？是否有消息来源的准确性让你吃惊？有没有让你吃惊的不准确之处？

你可能会惊讶地发现，一些更值得信赖的信息来源在某些方面是不准确的，反之亦然。

这个练习提醒我们要公平地评估所有信息。有些信息来源比其他信息来源更可信，但所有信息都应加以核实和批判性分析。

## ↘ 行动步骤

在本章中，我积极地为你提供了一些实用的、（希望）有趣的行动步骤，以提高你的批判性思维能力。记住，你不应该仅仅阅读这最后一章。你应该多加练习！通过认真、彻底地完成这些练习，你可以提高批判性思维能力。这些练习都是为你反复使用而设计的，所以如果可以的话，请重新做一遍！

你可能会觉得重复的任务很烦人，但你这样做是有道理的。研究表明，向个人解释批判性思维的概念非常重要。然而，这本身并没有什么作用。

要想真正内化批判性思维的概念，定期进行批判性思维练习至关重要。学习如何在原则上进行批判性思维而不付诸行动，有点像阅读关于去健身房的文章。当然，它可以让你为这种体验做好一些准备，但对我们的身体健康没有什么帮助。

## ↘ 结论

本章为你提供了一个有趣的练习蓝图，我们设计了这些练习来帮助你提高批判性思维能力。如果你觉得自己从这些练习中受益匪浅，那就自己编一个吧！你比我们更了解自己的兴趣所在，所以你一定能想出更好的练习。

如果你每次阅读新闻或看电视时都运用批判性思维，那么用不了多久，你就能掌握1万小时的专业知识。而且，你还可以一边看电视一边追你最喜欢的节目。

# 后 记

晚午的尼古拉·特斯拉被誉为不折不扣的疯子。他的一些想法听起来确实非常牵强。他曾计划从外太空获取人类所有的能量。他的另一个计划是在全球范围内建造一个巨大的环形装置，让你在24小时内环游地球。

此外，他独身，测量所有食物的体积，不讲基本卫生，这些都对他的计划毫无帮助。

然而，直到今天，我们才开始充分认识到他的伟大之处。他发明并完善了大规模用电背后的科学。事实上，他曾因拒绝使用爱迪生偏爱的电力系统而被爱迪生解雇。他后来的著作还预言了无线互联网等。特斯拉去世时，他名下有300项专利。同时，他也饱受诽谤，身无分文。

尽管当时的人们可能认为他是个怪人，但特斯拉通过质疑一切重新定义了那个时代的科学。他坚持有理有据、经过深入研究的真理，不计社会后果。

我们设计本书的目的是帮助你进行批判性思考，为你的问题制定更好的解决方案。然而，这并不是一本理论书籍。我们还打算帮助你在现实生活中应用这些解决方案。

我们试图把重点放在激发我们每个人内心的特斯拉。作为批判性思考者，我们会质疑周围的世界，并收集证据来支持我们的所有主张。然后，我们针对周围的问题制订合理的解决方案，并利用在此过程中获得的前瞻性来预测未来的问题。在整个过程中，我们会根据实际情况的变化调整计划。

然而，我们也希望避免特斯拉的最终命运。正如我们在本书后面所讨论的，我们必须积极调整我们的计划和解决方案，以吸引我们周围的人。为此，我们讨论了如何在不同领域培养批判性思维，以及如何向其他人"推销"我们的产品。

现在，你已经准备好在生活的各个领域运用这些技能了。记住，要明智地使用这些技能。人生是一场马拉松，而不是短跑。并不是每一个小决定都需要运用完整的批判性思维过程。如果过于频繁地使用，也会产生疲劳感。

但是，请务必将它应用到你所做的每一个重要决定中。如果运用得当，它将使你避免许多本可避免的错误。它还会让你和你周围的人生活得更好。如果你像特斯拉一样解决问题，但像可口可乐一样推销你的解决方案，你将会走得更远。

# 第二篇

# 克服逻辑谬误

**培养推理能力的28个知识锦囊**

# 前　言

> 人很容易把感情的力量误认为是论证的力量。炽热的心灵反感逻辑的冰冷触碰和无情审视。
>
> ——威廉·E.格拉斯通

　　一个年轻人和一个美丽的少女相爱了，可惜她是公主，他是平民。国王听说了这件事，勃然大怒，把这个人抓了起来，带到了他的面前。

　　国王说："你犯下了不可饶恕的罪行，将被处死。但因为我是一个正直仁慈的国王，所以我允许你做一件事，那就是选择你的死亡方式。你只需做一个陈述。如果你说的是真话，你将被送上绞刑架绞死。如果你说的是假话，你将被烧死在火刑柱上。说吧，你的陈述是什么。"

　　年轻人略作思考，说："我会被烧死在火刑柱上。"国王听了，沉思了一会儿，就下令把他放了。

　　看到这里，你们是不是会对这个故事有一种似曾相识的感觉？是的，很多人都听过这个故事或它的一些改编版本。这是一个有关说谎者悖论[1]的

---

[1] 说谎者悖论是最古老的语义悖论，由公元前4世纪麦加拉学派的欧布里德（Eubulides）提出，悖论内容为：如果某人说自己正在说谎，那么他说的话是真还是假？——译者注

故事。在这个故事中，年轻人被国王释放了，因为他的陈述让国王左右为难。如果他说的是假话，他将被烧死在火刑柱上，这样他的陈述就变成了事实。但如果他说的是真话，他将被送上绞刑架，那他就是在说谎，因为他说自己会被烧死在火刑柱上。因此，这位正直的国王不得不放走他，以免违背了自己的诺言。

说谎者悖论是一个很流行的逻辑谜题，许多已经听过它的人在再次听到它时又会感到困惑。他们想不起来这个熟悉的故事的答案，因为他们忘记了之前建立的逻辑联系。为什么？人们接受外来信息，输入大脑，完成记忆的第一步，但这个时候，并未形成记忆。当输入的信息从临时存储区转移到前额叶皮质，并永久地储存下来时，我们才称之为记忆。如果我们不能重复地、频繁地、在不同的语境中练习所学的内容，那么所学的内容在大脑中的存留时间就不会持久。

你愿意阅读本书可能是因为书中提到了"我们非理性的一面"。我们是理性的人，做出的决定通常符合理性和逻辑，但我们经常会发现自己陷入非理性行为和决定的影响中。例如：

- 某些学生想放弃准备考试，他们也知道这样做的后果是不及格。尽管如此，他们仍然用一种谬论说服自己，认为自己即便考前抱佛脚或考试中作弊仍然可以通过考试。
- 雇主知道由于第一印象偏见而拒绝潜在优秀申请人的机会成本有多大，但他们依然会这么做。
- 消费者因为受到冒充权威的名人和意见领袖的影响而购买了本不想购买的东西。我们所有人都有过这样的经历，并在随后懊悔这些购买行为。

要一直有逻辑地思考和行动是不容易的。我们具有不同的文化、经历、教育背景和成长过程，每个人都有自己的价值观和信仰，而这些价值观和信仰的形成受到我们的成长环境和社会环境的影响。然而，逻辑是客观的、科学的、冷静的。合理的推理往往会导致一个解决方案，即正确的解决方案。

合理的推理有它的好处。一个思维正常的学生在考试前会用功学习。理性的雇主会在仔细考虑后择优录用最优秀的申请人。消费者也会意识到，模特、演员和电视名人并不能取代真正的工程师、医生和专家。

本篇旨在帮助人们在日常生活中做出明智的决定，其中讨论了如下问题。

- 为什么人们总是犯逻辑错误？
- 哪些逻辑原则和工具可以帮助我们更好地推理？
- 我们经常遇到哪些正式和非形式的逻辑谬误？如何解决它们？
- 我们最容易有什么偏见？如何将其负面作用最小化？
- 我们可以采取哪些步骤来养成逻辑思维的习惯？

本篇对影响我们日常决定的基本逻辑概念和最常遇到的谬误和偏见进行了实用的描述。

本篇作者拥有博士学位，在大学和研究生院任教40年。除了从事学术研究，她在企业管理、工程、法律、金融和市场营销等方面都有实际工作经验。她结婚35年，养育了三个孩子，现在三个孩子也在各自的领域成为专业人士。她丰富的从业经验和扎实的学术基础使本篇对理论的解释简洁明了，案例真实、丰富，易于读者阅读和领悟。

本篇是为那些想将逻辑应用于日常生活的普通读者编写的，旨在让他们驯服自己"炽热的心灵"，享受"对逻辑的冰冷触碰和无情审视"。这是一个掌握合理推理技能的过程。

你准备好和我们一起旅行了吗？

戴安娜·吉恩·P.阿基诺

# 第七章

# 要懂推理，先懂逻辑

一个男人走进酒吧。他对最喜欢的酒保说："吉姆，给我来杯烈酒。我受不了这么早回家见我妻子。她就会唠叨、唠叨、唠叨，毫不讲理，我连一句话都插不进去。"

吉姆说："鲍勃，莱蒂只是无聊。我让我的妻子艾玛去上刺绣夜校，现在她忙着做十字绣，没空管我了。"鲍勃认为这是个好主意。

一个月后，鲍勃又走进酒吧，说："吉姆，这是我最后一次向你请教了。我听了你上次的建议，鼓励莱蒂上社区大学。她报名学习了一门逻辑学的入门课程。可是，她现在还是跟我唠叨，我还是插不上话。因为，她说得太有道理了！"

鲍勃的经历让我们明白了一个人学习逻辑的最佳理由：用我们的推理去说服别人。

推理是思维的旅行。人类是理性的生物，我们都需要推理。我们在所处的环境中感知到相同的事物，但我们对它们的理解却不尽相同。有些解释之所以比其他解释更有意义，取决于其优秀的推理方式。

逻辑就是产生意义的过程。它是正确推理的科学，也有人称之为心灵的训练。为什么一些人的推理比其他人更有逻辑？那是因为他们可以从现有的证据中做出合理的推论。通过学习、观察和实践，我们可以利用逻辑有效说服他人。

## ↘ 逻辑的四大定律

逻辑学有三个经典定律：同一律、排中律和不矛盾律。1818年，德国哲学家叔本华提出了第四定律，即充足理由律。

### 同一律：凡是存在的，都是存在的

同一律的解释为：一切事物都只能是其本身。逻辑话语中使用的术语可以且只能指一件事。当一个术语在同一个讨论中有多个含义时，就会引入一种称为模棱两可的谬误。

模棱两可的示例为："Jack eats what is right, and Jill eats what is left." right在句子的前半部分是"正确"的意思，在句子的后半部分暗示着一个方向（右）。类似地，left也有双重含义，即与right相反的方向（左）和"余数"两个含义。

### 排中律：每一件事要么是，要么不是

一个命题要么为真，要么为假。如果有两个相互矛盾的命题，要么第一个为真，第二个为假；要么第二个为真，第一个为假。"亚瑟是一个忠诚的丈夫。""亚瑟在结婚时有外遇。"出轨就是不忠诚。因此，要么亚瑟是忠诚的，婚外情没有发生，要么亚瑟有婚外情，否定了他对妻子的忠诚。

### 不矛盾律：任何事物都不可能同时存在和不存在

矛盾的命题不可能在同一时间和同一意义上为真，它类似于恒等定律。德国牧羊犬既不能是约克夏梗，也不能是西施（即非德国牧羊犬）。高层建筑不可能是平房（即非高层建筑）。但是，必须确保这些主张是真正相互排斥的。本杰明·富兰克林是一位政治家，但他也是一位科学家。科学家不一定不是政治家，因为政治家并不排斥科学家，反之亦然。当两个命题可以共存时，它们就不矛盾，也就不违反不矛盾律。

### 充足理由律：对一切存在的事物，都能找到它存在的原因

在四个逻辑定律中，充足理由律是最具有争议的一个，也是最复杂的一个，所以我们将用一个例子来进行解释。

假设乔想买一辆摩托车逛街用。一个他几乎不认识的男人走近他，说自己姐夫同事的一个朋友正好提到乔有想买一辆摩托车的需求，如果乔在三小时内付款，该陌生人就会以500美元的价格把他的新摩托车卖给乔。

乔立刻接受了这个提议，说："一言为定！"但作为一个有逻辑的人，你的第一个想法则会是："为什么？"这就是第四定律的要旨。对于每一个无法解释的事实，理性的人都会寻找其背后的原因。任何解释都不行，必须找到足够令人信服的理由。在这个例子中，解释必须回答如下问题：为什么陌生人想这么快卖掉他的新摩托车？为什么要以这么低的价格卖掉摩托车？这辆摩托车可能有什么问题？它是违禁品吗？是偷来的吗？那个陌生人是怎么认识乔的？

## ↘ 逻辑中的重要概念

理解逻辑需要理解以下概念。

## 主张

主张也被称为陈述或命题，主张断言某事的真实性或存在性，无论它是真的还是假的。当一个或两个前提支持一个主张时，它就称为一个结论。

一个简单的主张是没有前提支持的命题。

> 环球小姐选美比赛的冠军是全宇宙最美丽的女性。

得到前提支持的命题就变成结论。

> 宇宙中所有已知的女性都是生活在地球上的。所有这些女性都参加了环球小姐选美比赛。因此，环球小姐选美比赛的冠军是宇宙中最美丽的女性。

## 推理

推理是指从一组信息或前提中得出结论，并根据其中一种公认的推理形式走向其逻辑推论的过程。

下面是一个通过演绎推理得出推论的例子。

> 你问我昨晚在哪里，在做什么，和谁在一起。我从你的提问中推断出，你认为我是嫌疑人。

## 论证

论证是一种主张，用于说服人们相信某个问题的真相。它有三个基本要素——问题、前提和结论。

虽然支持者使用论据来说服他人，但并非所有论据的结构都是有效的，也并非所有前提和结论都是真实的。要识别和构建一个有效、合理的论证，就必须具备批判性思维，参见下面的例子。

> 问题：黄金是如何交易的？

| 前提1：所有贵金属都在国际交易所交易。

| 前提2：黄金是贵金属。

| 结论：黄金在国际交易所交易。

要得出合理、合乎逻辑的结论，有两个必要因素，一是真相，二是诚实推理。这并不容易实现，因为我们往往会因为偏见、误解和缺乏寻求真相的诚意而蒙蔽自己的判断。即使有最好的意图，有时也很难分辨真假，或诚实与虚伪，甚至在头脑中也是如此。

## ↘ 行动步骤

试试下面的批判性思维练习，它是由《学信极客》（*College Info Geek*）的主编兰塞姆·帕特森（Ransom Patterson）设计的。

1. 问基本问题。许多无关紧要的问题可能会使问题复杂化。首先要消除使问题复杂化的无关事项，确定基本问题并专注于解决方案。

2. 质疑基本假设。假设是人们在没有证据的情况下认为是正确的事情。经过仔细审查，有些假设可能被证明是错误的或不适用的。学会识别它们并权衡它们与问题的相关性。

3. 注意你的思维过程。人类思维的速度如此之快，以至于大脑有时会通过思维捷径（启发法）来理解我们周围的环境。认知偏差和个人偏见有时会操纵我们的思维过程，所以防范它们很重要。

4. 试着反转局面。如果把一开始看似正确的事情反转过来，可能会有新的视角。公交车可能撞到了行人，但行人可能是故意走到公交车前面的。这样做的目的是检验是否有一种以上的解释。

5. 评估现有证据。试着从其他来源找到佐证。穷尽所有可能的证据，与所有证据都一致的结论就是正确的结论。如果证据确凿地排除了备选结论，那么剩下的就是正确的结论。

这五种思维练习看似简单，但要养成习惯则需要时间、耐心和不断练习。

培养批判性思维的倾向是有效运用逻辑的第一步。下一步是精确地组织这些思维方式，以便令人信服地传达你的信息。

## ↘ 分析与思考

这章关于逻辑学的简短概述几乎没有触及这个最有趣的话题的表面，但它肯定足以让鲍勃想到与妻子争吵就浑身起鸡皮疙瘩。掌握逻辑是赢得争论的有力武器，更是做出正确决定的有力武器。如果能像莱蒂一样学习逻辑，鲍勃一定会觉得这是一件幸事。你也一样。让我们继续下一章的论证推理。

## ↘ 关键要点

- 逻辑四定律指同一律、排中律、不矛盾律和充足理由律。
- 主张断定某事的真实性。
- 推理是从前提中得出结论。
- 论证是有证据支持的主张。

# 第八章

# 通过论证推理

查尔斯是我最小的孩子，他很喜欢漫威的超级英雄钢铁侠，即托尼·斯塔克。直到看完《复仇者联盟》电影后，我才知道他对这个漫画人物的信任度有多高。在电影中，雷神用超级闪电击中了钢铁侠。这给了钢铁侠足够的能量，以钢铁侠战衣"400%的能量"回击雷神。400%？作为一名电子工程师，我觉得这太荒谬了。

"查理，"我说，"400%的能量会把电路烧坏，把他的战衣融化。"

我的小儿子难以置信地看着我："妈妈，托尼·斯塔克是这么说的。一定是真的！"

我把这次交流告诉了丈夫，说："我儿子比我还相信一个虚构的人物！"我的丈夫是一名机械工程师，他平静地回答道："就像有人不相信我说她的车不经过改装就不能使用乙醇驱动一样，只是因为她最喜欢的好莱坞明星说可以。还记得结果如何吗？"

说得好，我想。小罗伯特·唐尼（Robert Downey Jr.）声称技术上不可能实现的剧本，就像电影明星主张我的车应该使用合适的燃料一样可靠。我们想法的相似之处归根结底是同一个论点。

> 第一个前提：A说的都是真的。

> 第二个前提：A做了一个命题。

> 结论：这个命题一定是正确的。

假设两个前提都成立，这个论证就有意义，这是一个有效的论证。但由于第一个前提被证明是错误的，因此，推理是不正确的，结论也是错误的。

## ↘ 推理与论证

论证的目的是说服人或使人信服。论证提出一个主张，并用理由加以支持。我们还讨论了所有人都会做的推理和并非所有人都会做的逻辑推理。逻辑推理是一个系统化的过程。逻辑推理的结构化表达就是所谓的论证。学者们通常将论证称为"逻辑语言"。

推理不同于论证，前者是思维过程，后者是如何根据逻辑原则表达思维过程。论证通过一系列有条理的陈述来表达支持某一主张的理由。论证有两个要素：一个或多个前提和一个结论。

所有论证都包括推理，但并非所有推理都是论证。用于论证的理由旨在加强或削弱某种主张的可接受性。证明性目标是论证与其他形式陈述的区别所在。

要使论证令人信服，仅仅结论和前提真实是不够的。前提还应为结论提供令人信服的理由。前提提供的理由应与结论有很好的联系。论证如何阐述其前提和结论，是我们的思维所经历的逻辑推理的轨迹。

看看下面这个例子。

> 家就是他的城堡。（真的）

> 国王住在城堡里。（真的）

> 国王是个男人。（真的）

在上面的例子中，有两个前提和一个结论。前提是正确的，结论也是正确的，每个命题本身也并没有什么错误。然而，前提并不能令人信服地引出结论——即使没有前提，结论仍然是真的。这个论证没有说服力，因为它没有在前提和结论之间建立强有力的逻辑联系。

## ↘ 有效性和合理性

论证的有效性完全由其结构而非内容决定。一个论证即使不合理，也可能是有效的。如果一个论证的形式使前提不可能是真的，但结论是假的，那么这个论证就是有效的。以下面的论证为例：

> 1990年出生的人被称为千禧一代。（真）

> 乔治·华盛顿出生于1990年。（假）

> 因此，乔治·华盛顿是千禧一代。（假）

如果纠正了前面的错误前提并保持结构不变，我们就有了：

> 1990年出生的人被称为千禧一代。（真）

> 艾玛·沃特森出生于1990年。（真）

> 因此，艾玛·沃特森是千禧一代。（真）

只要至少有一个前提是假的，一个有效的论证就有可能有一个错误的结论。

有效性和合理性之间的区别可能很复杂，但也很有趣。让我们通过一些例子来了解它们。

1.在有效论证中，当所有前提都为真时，结论总是为真。

> 猫科动物都是哺乳动物。（真）

> 狮子是猫科动物。（真）

> 因此，狮子是哺乳动物。（真）

2.即使前提为假，结论仍可为真，论证有效但不合理。

> 鲸鱼生活在海洋里。（真）

> 锤头鲨是鲸鱼。（假）

> 因此，锤头鲨生活在海洋里。（真）

为了检验这个论证的有效性，让我们在保留论证结构的同时，改变第二个前提，使其为真。所以，它变成：

> 鲸鱼生活在海洋里。（真）

> 海豚是鲸鱼。（真）

> 因此，海豚生活在海洋里。（真）

按照同样的结构，另一个前提为真的论证可以是：

> 专业的芭蕾舞演员是优雅而沉着的。（真）

> 奥尔加·斯米尔诺娃是一名职业芭蕾舞演员。（真）

> 奥尔加·斯米尔诺娃优雅而沉着。（真）

因此，这是一个有效而合理的论证。

3.同样地，即使两个前提都为真，结论仍然可以为假，从而导致无效的论证。

> 冲浪在澳大利亚很受游客欢迎。（真）

> | 考拉在澳大利亚很受游客欢迎。（真）

> | 考拉在冲浪。（假）

请注意，与上文2.中的例子不同，最后一个论证的错误在于模式，而不仅仅是推理。因此，这是一个无效的论证，也是一个不合理的论证。

正如上文2.中的例子所示，一个有效的论证即使有一个前提是假的，其结论也可能是真的。

重要的是要记住，当前提是真的，推理是正确的，结论就是真的，这个论证就是合理有效的。

论证还可以分为简单论证和复杂论证。简单论证有一个或多个前提和一个结论。前面的例子都是简单论证。复杂论证有一组前提和/或结论重叠的论据。

复杂论证有几个中间结论和一个最终结论。请看下面的论证：

> | 我们的调查显示，市场对某产品的看法是积极的，所以它有很
> | 高的需求。然而，生产它所需的技术是实验性的，生产成本太
> | 高。该产品必须具有高需求和低成本才能被采用，否则，需要
> | 进一步开发。

该论证的原始形式难以分析，因此我们将其分解为基本形式，其中，P代表前提，IC代表中间结论，FC代表最终结论。

- Pa1：该产品获得了积极的市场评价。
- Pa2：积极的市场观点表明需求量很大。
- ICa：这个产品的需求量很大。
- Pb1：所需的技术是实验性的。
- Pb2：实验技术成本太高。
- ICb：所需的技术成本太高。

- Pc1：该产品的需求量大、成本高。
- Pc2：产品必须有高需求和低成本才能被采用。
- ICc：产品不能被采用。
- Pd：如果产品不能被采用，将做进一步开发。
- FC：该产品将做进一步开发。

比起简单论证，我们更容易遇到复杂论证。讨论或辩论因许多相关问题而变得复杂，这些问题往往需要扩展推理。

## ↘ 演绎与归纳

推理分为演绎推理和归纳推理两种。演绎推理是逻辑推理的一种基本形式，它从一般理论开始，通过信息和推理缩小范围，从而得出具体结论。科学方法就采用了这种推理方式。它从假设开始，通过观察对其进行定性，最后以逻辑证明最初的假设。例如，太阳系中的所有行星都围绕太阳旋转。地球是太阳系中的一颗行星。因此，地球围绕太阳转。

归纳推理以相反的方向进行。它从具体的观察结果开始，并从中推断出一般性结论。与演绎推理相比，归纳推理需要更多的经验数据。从这些数据中可以得出各种关系的模式，从而形成一般理论。

归纳推理更多采用统计概率。例如，我从一包彩虹糖中拿出一颗糖，发现它是红色的。我又从同一包糖果中拿出四颗糖，结果它们都是红色的。因此，我这包彩虹糖中很有可能全部都是红色的。

有两种类型的论证与推理类型相对应，即演绎论证和归纳论证。演绎论证的前提为主张提供了确凿的证据。在归纳论证中，前提表达了结论的可能性，但不是确定性。比较以下论证：

演绎论证：

> 左撇子用左手写字比较好。

> 阿诺德是左撇子。

> 阿诺德用左手写字比较好。

归纳论证：

> 许多左撇子使用左手剪刀。

> 阿诺德是左撇子。

> 阿诺德使用左手剪刀。

演绎论证与归纳论证的区别在于论证者的意图。在演绎论证中，论证者通过给出真实的前提来保证结论的真实性。而在归纳论证中，论证者认为承诺的真实性只能为相信结论可能（但不一定）为真提供充分的理由。

在有效演绎论证中，如果所有前提都是真的，结论就一定是真的。但在归纳论证中，有可能推理正确，但结论仍然是错误的。这是因为对于是否至少有一个前提为真还存在疑问。

二者的另一个区别是，演绎论证声称其前提的真实性保证了其结论的真实性。如果所有前提都是真的，那么结论一定是真的；相反，归纳论证允许结论有一定的概率更有可能为真而不是为假，但不保证一定为真或者为假。

演绎论证要么有效，要么无效。同样的术语不能用于归纳论证；相反，归纳论证分为强归纳论证和弱归纳论证。强归纳论证与有效演绎论证一样，不需要所有前提都为真。不过，如果两个前提都是真的，那么结论就很有可能是真的。归纳论证的逻辑性与演绎论证的合理性类似，即两个前提都为真。所有弱归纳论证都是没有说服力的，正如所有无效的演绎论证都是不合理的一样。

图8-1为演绎论证和归纳论证的术语比较。

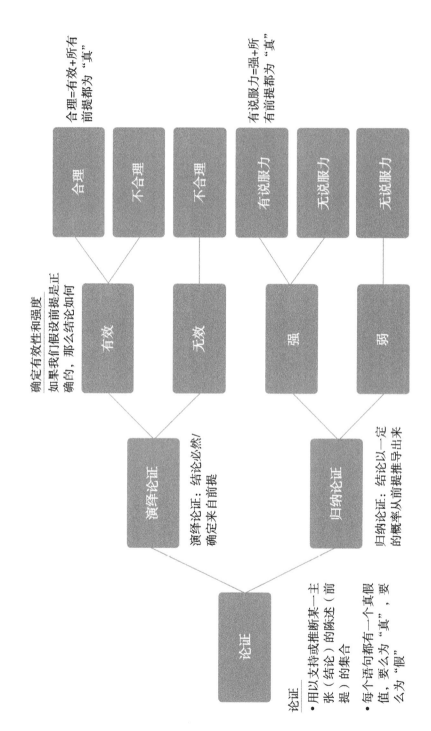

图8-1 演绎论证和归纳论证的术语比较

资料来源：DeMichele, T.（2017）。

## ↘ 我们为什么辩论

为什么我们喜欢争论或试图赢得一场辩论，而不是寻求真理？这个问题包括许多相互矛盾之处。首先，真理具有难以捉摸的本质。如果真理是绝对的，那么它就会很容易被感知和接受，就没什么辩论的必要了。如果存在一个绝对的真理，我们就可以通过五种感官科学地观察和证明它。但所有问题的症结就在这里——没有简单的答案，正如没有简单的真理一样。

> 总的来说，我们一直表现得好像有简单的答案。我们不断阅读去寻找一个解决方法的文章，这种方法可以让我们摆脱困惑，寻找一条可以告诉我们"真相"的数据，或者寻找一个将要"证明"假说的最终实验。但几乎所有的科学家都会同意，这些都是愚蠢的差事。科学是一种逐渐产生更接近现实的有用的方法，而不是通往绝对真理的道路。
>
> ——加文·施密特

如果有着精确的方法和标准的科学也把寻求绝对真理视为"徒劳的差事"，那么逻辑怎么有可能发现"真理"呢？寻找真理的过程是一场旷日持久的辩论。即使怀着最好的意图，"寻求真相"之路也不免会误入歧途。检验这些理论正确与否的唯一方法是，让它经受辩论的考验，而胜出的途径就是赢得辩论。

但辩论的意图并不能保证总是善意的。通常，我们的目标是以牺牲真理为代价赢得辩论，因为真理无论如何都是相对的。《纽约时报》的科恩认为，这是"在辩论场上取得胜利的需要"。很多时候，消灭对手的冲动取代了对真理的追求。

推理的论证理论是由法国社会科学家丹·斯珀波（Dan Sperber）与雨

果·梅西埃（Hugo Mercier）提出的，用来解释理性如何成为一种武器。该理论认为，人类依赖于交流，因此容易受到错误信息的影响。"熟练的辩论者追求的不是真理，而是支持其观点的论据。"因此，若推理诉诸歪曲的事实，便会使错误的信念以胜利为动机坚持下去。

对真相的不确定性也是我们用猜测来代替观察的原因。观察是由我们的五种感官收集的对环境的感知。我们都观察到同样的事物，但我们对所感知事物的心理解释却因年龄、经历、教育、文化和社会取向及许多其他因素的不同而有所区别。做出有根据的猜测是我们理智冲动的一部分。面对新的刺激，逻辑驱使我们以一种有意义的方式进行假设。猜测是我们正常逻辑过程的一部分，如果它通过事实寻求后续验证，那就没有错。

## ↘ 行动步骤

为了更好地理解什么是论证，让我们做一个由加利福尼亚州立大学布拉德利·H. 道登教授制定的快速练习。在以下四个段落中，根据其技术定义找出哪个段落包含论证。在查看下面的解答之前，请试着思考一下这个练习，并为得出答案付出一些真诚的努力。

A. 我恨你。滚出去！

B. 我肯定马丁·路德·金不是死于20世纪60年代，因为百科全书上说他是1998年在孟菲斯被暗杀的。

C. 共和党作为美国的一个政党始于20世纪50年代。亚伯拉罕·林肯是他们赢得总统选举的第一位候选人。

D. 我不相信你说的，如果马丁·路德·金没有被暗杀就能当选总统。

哪个段落包含论证？是哪种类型的论证？（不要提前查看本章末尾的参考答案，请尽最大的努力思考并回答。）

## ↘ 分析与思考

孩子可能会"宣誓效忠"他们的超级英雄，但我们作为父母没有理由陷入糟糕的推理习惯。按照论证的思路来构建我们的思维，可以明确前提及其与我们想要推进的结论之间的逻辑联系。它有助于剔除我们经常犯的逻辑错误，如我们将在下一章讨论的那些错误。

## ↘ 关键要点

- 推理是一个思维过程，而论证是以逻辑结构来组织思维。
- 有效论证是符合逻辑结构的。
- 无效论证可能合理，也可能不合理，但无效论证总是站不住脚的。
- 论证可以是演绎论证，也可以是归纳论证。

---

**参考答案**

A是常见争吵用语，它没有逻辑上的意义。C是对共和党的简单描述，两句之间没有逻辑关系。D仅仅陈述了一种看法。在B中，只有一个前提，尽管论证通常有两个或更多的前提，但只有一个前提也是可以接受的。

这个问题的答案是B。很多人不会认为这是一个论证，因为它的信息是假的，即马丁·路德·金于1998年被暗杀。然而，即使一个论证包含了一些不好的信息，只要有一个理由（前提）和一个与理由在逻辑上相关的结论，它仍然是一个论证。在这种情况下。这个论证是一个有效的不合理的演绎论证。它的经典形式是：

马丁·路德·金于1998年被暗杀。（错误）

1998年不在20世纪60年代。（正确）

因此，马丁·路德·金并没有死在20世纪60年代。（错误）

# 第九章

# 糟糕推理的罪魁祸首：
# 我们的逻辑错误和偏见

> 她穿着紧身胸衣，让她的腰身看起来更纤细——我帮她系上了绑带——但它们会让她晕倒。妈妈把它叫作"娇喘"，说这是她高贵和娇弱的象征。我认为这是束胸衣让人呼吸困难的表现。
>
> ——珍妮特·沃尔斯、哈尔·贝克·豪斯（2009）

如果有一种以美丽为名的酷刑象征，那一定是紧身胸衣。不仅在维多利亚时期，在任何历史时期都是如此。为什么会有女人受尽折磨，只为让自己的腰部看起来更美？这似乎不符合逻辑，也证明了沃尔斯的常识性观察是正确的。但在她母亲的眼中，这不仅仅是吸引男人欣赏目光的伎俩。在她看来，紧身胸衣是高贵血统和社会地位的象征。沃尔斯和她的母亲对象征着特权和悲怆的女士内衣表现出不同的偏见，这取决于她们的观点。

## ↘ 偏好、刻板印象、偏见和歧视

心理学家对我们交替使用的四个词进行了细致的区分：偏好（bias）、刻板印象（stereotyping）、偏见（prejudice）和歧视（discrimination）。而它们是我们几乎每天都会犯逻辑错误的原因。

刻板印象是指对群体的部分特征形成固定的看法，并将这种看法推及整个群体的行为。例如，接触到的部分加拿大人很有礼貌，美国纽约人比较粗鲁，就认为加拿大人很有礼貌，而美国纽约人很粗鲁。认同这种刻板印象的雇主可能会对员工的国籍或居住地给予不公平的关注，这就是偏好。当偏好造成对加拿大人的积极态度和对美国纽约人的消极态度时，它就变成了偏见。最后，如果雇主基于这种偏见雇用加拿大人而不是美国纽约人，那么这种行为就被称为歧视。

一个人态度中的偏好会导致偏见，偏见（prejudice）来自词根"pre"（before，之前）和"judge"（decide，决定），即prejudge（预判）。预判是指在正确推理之前得出的结论，它使推理走了捷径，跳过了中间环节，只有一个假设、一个预先判断步骤，因此得出的是错误的结论。在论证过程中，在前提中引入偏见会导致结论出现错误。因此，一个不合理的论证或谬误就产生了。

就其本质而言，谬误并非道德之物，但其善恶程度取决于其服务的目的。

例如，警察可能会使用谬误来说服罪犯说出他可能知道的犯罪事实。"如果你说出赃物的下落，警司可能会减轻对你的刑罚。"这是一个谬论，因为警司可能无权减轻罪犯的刑罚。如果它能引导罪犯说出犯罪证据的下落，那么这个谬论就被用来做好事了。

但是，如果谬误的意图是导致错误的结果，那么它就是坏的。"如果你不认罪，警司就会指控你儿子共谋。"这里的谬误是，除非父亲认罪，否则将对儿子提出指控，这相当于胁迫。

因此，正确判断的关键在于区分谬误和合理论证。并非所有谬误都会造成严重后果；有些谬误司空见惯，我们每天都会遇到。例如，父母可能会认为女儿比儿子聪明，因为女儿的数学成绩比儿子高。这是谬论，因为智力有很多种。儿子可能更擅长运动。因此，他可能具有更高的身体-动觉智能，他的妹妹则具有更高的逻辑-数学智能。因此，他们同样聪明，只是擅长的是不同的方面。

谬误显示了逻辑论证的缺陷，因为前提和结论之间的逻辑联系没有被揭示。父母错误地认为一个孩子比另一个孩子更聪明，他们并不知道还有其他的智力测验方法。嫌疑人不知道警司没有那么大的权力减轻对他的判刑或在没有证据的情况下指控他的儿子。说明这些具体问题的前提并不存在。因此，父母和嫌疑人是在不完整的论证基础上得出结论的。

在现实世界中很难发现谬误，因为文化成见、文化偏见和过去的经验往往会诱使我们做出不相关或无效的假设。假设填补了缺失的前提，不完整的论证显得完整，无效的结论显得有效。

## ↘ 行动步骤

检测形式逻辑谬误的方法有很多。有三个基本步骤可以快速识别常见谬误的类型，这些谬误会诱使我们的大脑得出错误的结论。

（1）找出错误的前提（"糟糕的证明"）。这些前提可以是公然的错误陈述或隐含的比较，也可以是与结论无关的例子。名人烙印就是一种常见的谬误。"蕾哈娜使用Fenty Beauty品牌的化妆品。如果我用了它，我就会像她一样漂亮。"这暗示了消费者与名人之间的虚假比较。省略的前提是"我不是蕾哈娜"，因此，对蕾哈娜好的东西不一定对我好。

（2）找出错误的替代结果。通常暗示的选择可能并不是唯一可能的选择，意识到其他选择可能会避免我们做出错误的决定。"罗伯特英俊富有，但他是个花花公子。汤米没有不良记录，但他也没有工作。我应该嫁给谁呢？"答案不一定是罗伯特或汤米，因为可以"都不是"。

（3）找出前提与结论之间的逻辑脱节。即使证明或证据是真实的，它们也可能与结论或问题不完全相关。"我的父母在65岁之前去世，而我的健康状况与他们相同。因此，我也会在65岁之前去世。"虽然你的父母可能确实在中年去世，你也可能确实遗传了他们的健康问题，但这些前提与你死亡的确定性之间并不存在逻辑上的联系。你的生活方式可能更健康，他们去世的原因可能并不完全是因为你们共同的健康状况。

## ↘ 分析与思考

有些人可能认为紧身胸衣是一种美容工具，有些人则认为它是铁娘子（Iron Maiden Lite）的精简版。心态不同是不可避免的。人们的偏见会在最不经意的时候表现为逻辑错误。逻辑错误就是谬误，我们将在下一章进一步了解。

## ↘ 关键要点

- 逻辑错误源于个人偏见。
- 论证前提中的偏见会导致不合理的论证或谬误。
- 谬误会干扰前提和结论之间的逻辑联系。
- 查找谬误包括识别错误的前提、错误的结论或前提与结论之间的逻辑脱节。

# 第十章

# 揭秘形式逻辑谬误

总的来说，真理不仅是与无知和谬误的激烈斗争，而且首先是与我们自己先入为主的观念和先验观念的斗争。

——埃里克·佩维尔纳吉，《生活语录与绘画》（2007）

真理是什么？这是所有哲学探究的核心问题，它没有简单的答案。我们塑造了自己看待世界的方式，只有通过逻辑规则，我们才能穿透误解，感知真理。

我们的大脑经常通过启发法，如经验法则、有根据的猜测或试错，来解释我们周围的环境，这些都能缩短逻辑思维过程。这些方法导致了推理中反复出现的错误，我们将这些错误称为谬误。

## ↘ 谬误的基本类型

谬误有如下五种基本类型。

### 肯定后件谬误

肯定后件谬误是一种逻辑谬误，被称为"肯定结果"。根据结果或后果，假定最明显的原因为真，而不考虑其他可能的原因。其形式如下："如果P，那么Q。Q，因此，P。"

> 如果你开车不小心，那么汽车就会被撞凹。

> 汽车被撞凹了。

> 因此，你开车不小心。

许多夫妻都曾为此争吵不休。这个谬误在于，从结果中得出关于原因的明确结论。当有几种可能的原因时，我们的大脑往往只关注最明显的原因，而忽略了其他可能的解释。凹陷的汽车可能是被移动的物体撞击的，如另一辆汽车，而被指控粗心大意的司机并没有过错。

> 如果约翰向屋内扔一个球，窗户就会被打破。

> 一扇窗户被打破了。

> 因此，约翰向屋内扔了一个球。

窗户被打破可能是由很多原因造成的，而不仅仅是约翰向屋内扔了一个球。可能是勤杂工估算错误，把梯子甩进了窗户，也有可能向屋内扔球的是吉尔而不是约翰。儿童、工人或其他下属员工经常会因为事故而受到不公平的指责，但事后被证明是无辜的，这让指责者懊恼不已。

这种模式会导致谬误吗？如果结果只能有一个原因呢？

> 如果矿井里有致命的有毒气体积聚，就会杀死金丝雀。

> 金丝雀死了。

> 因此，矿井里有大量的有毒气体。

从1911年到1986年，矿工们在煤矿中使用金丝雀来检测一氧化碳和其他有害气体。严格来说，金丝雀可能死于年龄或疾病等很多原因。不过，矿工们还是应该带上年轻、健康的金丝雀，以减少其他原因造成金丝雀死亡的可能性。令人欣慰的是，1985年数字探测器取代了金丝雀。这个案例表明，当一个结果只能由一个原因引起时，结果就不再是谬误了。

### 否定前件谬误

否定前件谬误也被称为逆谬误或逆误差。否定前件是一种形式上的谬误，即从原始陈述中推断出反义词。这是无效的，因为否定前件并不一定意味着否定后件。它的形式是："如果P，那么Q；如果不是P，那么不是Q。"

> 如果马里奥是一名职业高尔夫球手，那么他就是一名优秀运动员。

> 但马里奥不是职业高尔夫球手。

> 因此，他不是一名优秀运动员。

这一论证的错误在于，仅仅因为马里奥不是职业高尔夫球手，就断定他不是一名优秀运动员。并非所有优秀运动员都是专业人士，因为有些人从事体育运动只是一种爱好，而不是作为职业。马里奥甚至可能不擅长高尔夫球，但他擅长其他运动，如网球、拳击、电子运动，这使他成为一名优秀运动员。

> 如果每天服用一茶匙初榨椰子油，那么你就能保持健康。

> 你不服用初榨椰子油。

> 那么你就不能保持健康。

保持健康可以从很多方面入手，如适量的运动、充足的休息和健康的饮食。

虽然初榨椰子油有助于保持健康，但不服用初榨椰子油并不一定会变得不健康。

同样，在判断排除前件是否真的会导致排除后件时，一定要谨慎。请看下面的例子。

> 如果佐伊今年高中毕业，那么她明年就能上大学。

> 佐伊今年没有从高中毕业。

> 所以，佐伊明年不能上大学。

虽然这一论证遵循了否定前件谬误的模式，但前件（高中毕业）是后件（第二年进入大学学习）的必要条件。没有高中文凭将使佐伊没有资格进入大学。

### 肯定析取谬误

肯定析取谬误的另一个名称是虚假的排除析取。析取指的是一个析取命题中的一个术语排除了另一个术语。肯定析取谬误是指肯定两个析取中的一个，然后否定另一个。该谬误假设，既然一个析取是假的，那么另一个就应该是真的。"或"具有包容性，允许其中一个或两个析取为真。这种谬误的形式是："A或B。A。因此，不是B。"

> 要想获得奖学金，要么聪明，要么体育好。

> 安德鲁拿到了体育奖学金。

> 因此，安德鲁并不聪明。

第一个前提列举了获得奖学金的两种途径。安德鲁擅长体育，所以他获得了体育奖学金。虽然他确实没有获得学术奖学金，但这并不意味着他不聪明。体育好并不排斥聪明。

> 西莉亚喜欢小狗或小猫。

> 西莉亚喜欢她得到的小狗。

> 这意味着她不喜欢小猫。

这个例子隐含了西莉亚对动物的喜爱之情，无论她得到的是小狗还是小猫，她都会喜欢。西莉亚得到了一只小狗，她非常喜欢。但是，如果说她不喜欢小猫，或者说如果她得到两只宠物，就说她不喜欢它们，那就不对了。

析取是一种"非此即彼"的陈述，意味着需要做出选择。不过，析取有两种类型。包容性析取或弱析取选择其中一个或两个（非此即彼）。排他性析取或强析取只允许一个选择，选择其中一个必然排除另一个。

在电影中，克里斯将扮演托尔或洛基。

克里斯将扮演托尔。

因此，克里斯不会扮演洛基。

排他性析取或强析取不会在肯定一个析取时产生谬误，因为在这种情况下，肯定一个析取就否定了另一个析取。析取是包含性的还是排他性的，是由析取情况的性质所决定的。西莉亚可以喜欢两只宠物，但克里斯不可能在同一部电影中扮演两个主要角色（假设这是一部传统电影，没有使用数字特效）。

### 否定合取谬误

如果析取指的是命题中的一项与另一项相分离，那么合取就是指命题中的一项加入另一项从而成为同一类。这个谬误在于，在第二个前提下，声明其中一个合取是假的，然后得出另一个合取是真的结论。错误在于，假设否定其中一个合取必然肯定另一个合取，而在逻辑上否定两个合取是可能的。这种谬误有两种形式。

> 形式一：并非p且q，若非p，则q。

> 形式二：并非p且q，若非q，则p。

以下是否定合取谬误的示例。

> 安东尼既不是天主教徒，又不是无神论者。

> 安东尼不是天主教徒。

> 因此，他是无神论者。

事实上，天主教徒（信仰上帝的一群人）不是无神论者（不信仰上帝的人），反之亦然。但还有其他群体不是天主教徒，但仍然信仰上帝，因此他们不是无神论者。安东尼可能是另一个基督教教派的成员，或者是佛教徒、穆斯林或印度教徒。他可能相信上帝，但没有宗教信仰。除了成为无神论者，还有其他选择。

> 在比赛中，同一个家庭的成员不能同时参加篮球和足球比赛。

> 琼斯一家没有参加篮球比赛。

> 因此，琼斯一家将参加足球比赛。

这一论点的谬误在于，琼斯一家不需要从两场比赛中做出选择。他们可以参加另一场比赛，甚至不参加任何比赛。合取并没有排除这种可能性。

相比之下，这种合取论证的验证形式纠正了逻辑错误并消除了谬误。它们属于替代形式（alternative forms，AF）：

> AF1：并非p且q。p。则非q。

> AF2：并非p且q。q。则非p。

因此，我们的合取论证的验证形式是：

> 安东尼既不是天主教徒，也不是无神论者。

> 安东尼是天主教徒。

> 因此，他不是无神论者。

> 在比赛中，同一个家庭的成员不能同时参加篮球和足球比赛。

> 琼斯一家参加了篮球比赛。

> 因此，琼斯一家不会参加足球比赛。

合取论证和否定合取的形式相似，所以经常被混淆。它们的区别在于第二个前提，否定合取的前提是否定的，而合取论证的前提是肯定的。否定合取是谬误，因此是无效的，而合取论证是有效的，因此不是谬误。

### 未分布中间的谬误

未分布中间的谬误是三段论谬误，因为它是绝对三段论的形式。

> 所有A都是B。

> 所有B都是C。

> 因此，所有A都是C。

这种结构有两个不同但相关的前提，之后是一个体现演绎论证的结论。中间项是包含在两个三段论中的项。注意，基本的三段论结构是一个有效论证，因为只要它的介词为真，那么它在逻辑上就是合理的。

当论证中使用的中间项包括该类的所有成员时，就可以说中间项是分布式的。如果这个中间项只指类中的一些成员，那么它是非分布式的。逻辑规则要求，中间项至少应在两个前提中的一个前提中分布，这样才能使三段论成立。

未分布中间的谬误是指中间项（两个前提中的共同项）在任何一个前提中都不是分布式的。它的形式是"所有Z都是B，所有Y都是B，因此，所有Y都是Z"。B是中间项，在两个前提中都是不分布的。下面是这种谬误的例子。

> 所有昆虫都是动物。

> 所有哺乳动物都是动物。

> 因此，所有哺乳动物都是昆虫。

该例中，中间项是动物，包括昆虫和哺乳动物及许多其他类群。该例逻辑上的错误很明显：昆虫和哺乳动物属于不同的类别，彼此排斥，即使它们都是动物。

> 所有吸血鬼都是吸血者。

> 所有雌蚊子都是吸血者。

> 因此，所有吸血鬼都是雌蚊子。

德古拉伯爵变成了恼人的产卵昆虫，而不是蝙蝠，这种荒唐的现象凸显了这种说法的谬误。

在现实世界中，未分布中间的谬误在逻辑上无效的情况出现在诉讼中。在一起法律案件中，出现了"内河船"是否必须注册为"摩托艇"的问题。机动车辆管理局的论点是：

> 内河船是水上交通工具。

> 摩托艇也是水上交通工具。

> 因此，内河船属于摩托艇，必须遵守登记要求。

三段论的中间项是水上交通工具。法院驳回了这一论点，判决内河船免于登记。

## ↘ 行动步骤

形式逻辑谬误涉及论证形式或技术结构上的弱点，而不是结论是否真实。下面列出了五种形式逻辑谬误。试着找出其中的每一个。（不要提前查看本章末尾的参考答案，请尽最大的努力思考并回答。）

1. 所有司机都有执照，就像所有医生都有执照一样。这意味着所有司机都是医生。

2. 如果埃尔默买了一辆新车，他会吸引很多羡慕的目光。但他买了一辆二手车，这就是别人对他不感兴趣的原因。

3. 莎莉既会弹钢琴，又会拉小提琴。她选择了弹钢琴，因此她不会拉小提琴。

4. 如果你没有做好准备，你就会输掉比赛。你输掉了比赛，这只意味着你没有做好准备。

5. 我的宠物既不是猫，也不是狗。我的宠物不是猫，因此它是狗。

## ↘ 分析与思考

佩弗纳吉（Pevernagie）称真理是我们内心与先入为主的观念的斗争。真理很难接受，尤其是当它挑战我们最宝贵的信念时，而这些信念却是错误的。在我们先入为主的逻辑谬误中，形式逻辑谬误更容易被发现，因为它们是由错误的论证结构所表明的。非形式逻辑谬误更加微妙且难以发现。我们将在下一章中了解非形式逻辑谬误。

## ↘ 关键要点

- 形式逻辑谬误是指论证结构中的错误。
- 肯定后件不应该导致肯定前件。
- 否定前件不应该导致否定后件。
- 肯定一个析取不应该否定另一个析取。
- 否定一个合取不应自动肯定另一个合取。
- 中间项应该分布在其中一个前提中。

---

### 参考答案

1. 未分布中间的谬误。

2. 否定前件谬误。

3. 肯定析取谬误。

4. 肯定后件谬误。

5. 否定合取谬误。

# 第十一章

# 非形式逻辑谬误

"妈妈，性是什么？"

做父母的总会在某个时候从孩子口中听到这样的问题，但我从没想过自己会在我五岁的儿子塞德里克上幼儿园的第一天听到这个问题。我在心里默默记下，有机会一定要去找他的老师说说这事。我让塞德里克坐在我的膝盖上，叹了一口气，然后开始了为青少年准备的生理知识介绍。

我说完后，他露出了疑惑的表情。"好吧……"然后他举起了手里的牌，"但我怎么才能把这些都写在这张身份卡上呢？老师说我们应该把它填满。我已经填了姓名和年龄。但是性只有一个小方框。我该怎么写呢？"

"哦，哦！……就写'男'吧，孩子！"

小男孩填完卡片后，很快就忘记了我们的谈话，这让他松了一口气。每当这种时候，我都会责备自己，保证不再重蹈覆辙。然而，无论我们如何下定决心更好地约束自己的思想，都不可能避免每天犯下的一百零一次过失。这是没有办法的，我们的言语像蜗牛在爬行，而我们的思维却展翅飞翔。

## 非形式逻辑谬误

在第十章中，我们接触了形式逻辑谬误。它们是逻辑思维错误，涉及论证模式以及前提和结论之间关系的错误。然而，有些谬误并不涉及形式结构，而是我们日常犯的逻辑错误，涉及不合理的推理。

非形式逻辑谬误并不局限于词语和句子，而是更多的逻辑错误。构成谬误的逻辑错误有时源于意图不纯、前后矛盾、不相关和不充分。更多的时候，它们产生于简单的误解和思维习惯。我们经常发现自己在推理和判断中犯了错误，而这些错误是可以预见的，因为我们以前犯过这些错误。

## 为什么我们容易犯可预见的逻辑错误

丰德（Funder）谈到了逻辑错误的社会性质，以及为什么我们在面对真实世界的情境时，即使已经意识到这些错误，仍倾向于重复这些错误。在他的开创性研究中，丰德区分了"错误"和"失误"，将错误描述为对实验刺激（即孤立研究的情况）的错误判断，将失误描述为对现实世界刺激的错误判断。

我们倾向于将错误视为判断的"缺陷"，相当于人们能够"很好地推理"或"做出正确决定"的程度。它偏离了应该如何做出判断的模式、理想。这种错误是无意中造成的。

> 每到黑色星期五，萨莎就会失去理智地疯狂购物。她争先恐后地排队，抢购快速流动的商品，结果却买了自己根本不需要或

不想要的东西。每年，萨莎都会下定决心避开每一个"黑色星期五"的购物高峰，但每年她都会重蹈覆辙。

萨莎知道，仅仅因为打折就购买自己不需要的东西是不合情理的，但很多人都像萨莎一样。她陷入了疯狂的冲动中，做着别人正在做的事情，却没有真正思考。商业零售商将消费者非理性的购买冲动作为营销策略的一部分。因此，在现实条件的驱使下，逻辑错误变成了重复性错误。

我们重复同样的逻辑错误还有其他原因。一个原因是我们对过去成功和失败的回忆程度，但回忆并不能提高不犯错误的可能性。人们很难回忆起自己犯过的错误，因为记住许多错误比记住一两个错误更难。试图回忆只会让思维过程变得更慢、更刻意，并可能导致犯更多的错误。

孩子："爸爸，我可以去参加塞西尔的派对吗？"

爸爸："去问你妈妈。"

孩子："她让我问你。"

爸爸："那好吧，一定要准时回家。"

于是孩子离开了。

妈妈："伯纳黛特呢？"

爸爸："她去参加同学塞西尔的聚会了。我答应了。"

妈妈："为什么？我没有同意。因为她不写作业，我让她禁足了。"

沉默。

妈妈："她又要你了，嗯？"

爸爸："我从来没吸取过教训。"

爸爸并不完全是错的，因为他的女儿过去可以多次征得他的许可来绕过她的妈妈。他有时给予许可是对的，有时则不然。他试图回忆并分辨那些他妻子可能同意他的意见或者不同意他的意见的场景，可这让回忆变得更慢、更困难。

情绪也会在我们的判断或决策过程中发挥作用。我们的感受会影响我们的决策过程，如果逻辑上正确的决策会引发负面情绪，那么我们就会回避这些决策，反之亦然。

英格丽德："我从不吸取教训。这是我第五次撞见他和别的女孩在一起了。每次他都乞求原谅，说他会改过自新的，每次我都相信他。"

斯特拉："所以这次你把他赶出去了？"

英格丽德："我不能。如果这是最后一次，他以后真的改了怎么办？"

这些关于社会背景、情绪和缓慢回忆的理论在我们的心理构成中有着广泛的应用，并使我们对我们的大脑是如何工作的有了一些了解。它解释了为什么我们经常犯与已知错误相同的逻辑错误。

## ↘ 我们经常遇到的谬误

听说过小精灵吗？在早期的英国民间传说中，它们被描述为背上长满尖刺、眼睛炯炯有神、牙齿锋利、爪子锋利的调皮小动物。它们会导致飞机和其他机器发生故障，令机械师们感到不可思议。它们曾出现在1984年的美国电影中，这种令人厌恶的生物是从一种叫作mogwai的可爱小绒毛宠物身上蹦出来的。

大家都说："这么可爱的东西怎么会冒出这么丑陋的怪物呢？"

非形式逻辑谬误很像小精灵。它们伪装成合理的理由，实际上是一种淘气的生物，会导致我们的思维过程出现故障。当我们的理性大脑猝不及防时，鬼鬼祟祟的黑天鹅谬误、红鲱鱼谬误、稻草人谬误、滑坡谬误以及其他一系列隐藏得很好的诡计和陷阱就会劫持我们的推理，制造混乱和恶作剧。不知不觉中，我们就会做出错误的结论和决定，带来尴尬和遗憾。

我们常常意识不到自己所犯的非形式逻辑谬误，即使我们正在犯这些错误。它们大多是无心之失，但有时我们甚至会故意使用它们，以便通过混淆对手来赢得争论，或为不正确的决定辩护。非形式逻辑谬误比形式逻辑谬误更难识别，因为与形式逻辑谬误不同，其逻辑错误不会简化为一种易于识别的思维模式。

非形式逻辑谬误有一百多种，但我们将讨论最常遇到的那些。识别它们并了解它们如何构成不合理的推理，将有助于我们在遇到它们时避免做出错误的决定。

### 草率概括谬误

概括是关于一个群体的陈述，说明该群体的所有、部分或一定比例的成员都具有某一特定属性。一个简单的概括可以是"奶牛产奶"。这是一个普遍接受的事实，但更准确的说法应该是"有些奶牛产奶"，因为没有怀孕和分娩的奶牛不会产奶。奶牛的平均产奶周期为三年。概括是一般规则，尽管有一些例外情况，但被认为是真实的。

草率概括是证据缺失的谬误。在这类谬误中，结论是根据不充分或有偏见的证据得出的，因此在逻辑上是不成立的。有时，结论是根据模糊的轶事得出的。草率概括谬误也被称为"样本不足谬误"。

> 自从厨师达米安在最后一个停靠港登上他们的船队后，这次远洋航行就充满了意外和不幸。因此，他们怀疑达米安就是船上的约拿。

实际上，所有水手都相信，由于旅途的不确定性，他们在危险水域的航行要靠运气。迷信作为一种"普遍规则"，即使没有什么证据可以证实。因此，理性的决策者应将其搁置一边，即使所谓的传闻证据似乎特别有说服力。

在定量研究中，结论可能是基于一个不具代表性或指定错误的样本，而不是更符合总体人群的样本得出的。

> 研究结果表明，该大学80%的学生为女性。调查样本的成员来自三个专业：护理、女性和性别学位、初等教育。

如果研究人员从某一属性（在本例中为性别）占主导地位的群体中抽取样本，那么如果结论仅归因于这些群体，则不一定会产生问题。但是，如果将偏差样本的结果推广到更广泛的人群中，那么结论就会产生误导。在上述情况下，要想得到整个大学的可靠结论，样本中应包括工程学、军事科学、神学院或其他男性可能占主导地位的专业，或男女生人数相同的专业的学生。当然，诀窍在于获得足以代表目标人群的样本。

草率概括谬误也可能从特定情况或单一佐证中得出一般性的结论，这就是"孤证谬误"。

> 当教授正在监考时，学院职员来到教室门口与他简短交谈。当他转身回到教室时，看到两个学生在窃窃私语、傻笑。他推测，全班同学利用他短暂的分神，背着他作弊。他停止了考试，给全班同学打了不及格的分数。

然而，即使样本量很大，偏差也是显而易见的，这使得结论缺乏说服力。有时，结论是根据对少数成员的观察对整个群体做出的。这可能会导致一些看似不道德甚至诽谤性的判断。

> 一群徒步旅行者正在徒步穿越一座被土著人视为圣地的山丘。由于该地深受游客欢迎，当地人对来此的游客产生了戒心。当这群徒步旅行者休息时，其中一人在一棵百年老树的树干上刻下了"U.S.A."的字样，而他的同伴并不知情。当地居民发现了这一违规标记，在他们的诉求下，当地政府禁止所有美国游

客进入该地区。

在这种情况下，一个群体中一个成员的行为被认为代表了所有人的行为。因为一棵树上刻着"U.S.A."，一个人的行为就被强加给了所有美国人。由于在树上刻标记的旅行者可能根本不是美国人，这种情况就变得更加荒谬，从而使这种以偏概全的做法更加不合理。

**避免这种谬误的方法：**

重要的是不要匆忙下结论。首先要找到关于同一问题的其他数据，然后权衡这些数据是否足以推翻所做的概括。

## 诉诸权威谬误

在推理过程中，我们试图在自己的思维之外找到坚实的基础，为我们的前提提供依据。无论是人物、机构还是经典文本，权威都是证实或反驳我们假设的有力来源。但是，如果对于权威过于依赖，而没有形成自己正确的判断，就会成为一种谬误，使不谨慎的人陷入困境。

在诉诸权威时，人们必称某件事情一定是真的，因为一位所谓的专家声称它是真的。这也被称为诉诸虚假权威。

> 威尔建议我们第一次拜访女儿的德国婆婆时带上鲜花。威尔去过一次德国，结过五次婚，离过五次婚，所以他对德国婆婆一定很了解。

> 雷蒙总是用斧头牌身体喷雾。如果对本·阿弗莱克来说足够好，那么对雷蒙来说也足够好。

> 占卜师埃斯佩兰萨夫人宣布，今年的行星排列将带来的是好运还是厄运，具体取决于你的星座。

这些例子中的三位权威人士分别是威尔（不是德国人）、演员本·阿弗莱克和占卜师埃斯佩兰萨夫人。显然，他们的权威性都不强。威尔依靠的是常识，本·阿弗莱克是一个有偿代言人，而埃斯佩兰萨夫人则涉足无法解释和令人难以置信的神秘事物。不难理解为什么他们会成为虚假权威。

但是，如果威尔的一次德国之行就是十年，本·阿弗莱克的全球粉丝俱乐部成员一致认为他的身体喷雾闻起来确实很香，而埃斯佩兰萨夫人是美国某占卜协会的全国主席，而且碰巧她根据自己对神秘艺术的了解证实了之前的预言，那我们该如何判断？

假设所有各方都同意，某人确实是讨论主题的可靠权威。在这种情况下，这个论点对有关各方来说就不是谬误，而是一个归纳论证，即一个既非有效也非无效、既非合理也非不合理的论证。

这个归纳论证可能很弱，也可能很强，可能有说服力，也可能没有说服力。尽管如此，在那些信徒看来，这是一种有一定可能性的论证，因为它来自他们共同认可的权威。

> 风水专家认为，如果住宅或商业机构的前门和后门之间没有任何遮挡物，那么前门和后门对齐是不吉利的。前门进来的好气流如果不先穿过住宅或工作场所，很快就会从后门跑掉。

> 每年销量达400万册的《农民年鉴》称，11月5日至10日天气晴朗、气候凉爽，但2月12日至19日，靠近东部沿海地区的一些地方将下大雪。

不可否认的是，创刊于1792年的《农民年鉴》一直在为所有农民和园丁提供在线建议。下文将讨论这类论证与信仰诉求之间的相似之处。

诉诸权威谬误有两种特殊情况。

**断章取义地引用权威**

如果人们能够依赖已知权威的真实言论，那么决策就会更加得心应手。但有时，由于话语不完整、断章取义或歪曲事实，所传达的信息是错误的。

医生："莉娜，你应该少吃碳水化合物。"

莉娜："但是医生，你说过的我每餐可以吃一杯碳水化合物。"

医生："呃，呃，听着，莉娜。我说的是每天吃一杯碳水化合物。"

莫妮卡的老师对全班同学说："这个周末我不会给你们布置书面作业，但你们回家后要读一读这一章，因为周一我们要进行一次长篇考试。"莫妮卡的妈妈问："莫妮卡，你没有家庭作业要做吗？"小姑娘回答说："没有，妈妈。老师说我们这个周末不需要做作业。"

断章取义地引用权威人士的观点，是为了让人觉得权威人士支持的立场对争论者有利。事实上，权威的真实立场是中立的，或者与歪曲的立场相反。

这种谬误的内容实际上接近权威的真实说法，两者只是略有不同。有时，这种差异可能是由于误解（例如，"每餐"被理解为"每天"）或缺乏理解（例如，莫妮卡没有书面作业，但她有阅读作业）。

**避免这种谬误的方法：**

通常情况下，我们无法仅从声明本身来辨别断章取义的声明，除非对据称发表声明的权威人士进行一些背景调查。

如果权威人士是一位名人，那么她过去对此事的观点是什么，是否与现在所谓的声明一致？

如果我们本人认识被引用的权威人士，最好的办法就是询问她是否真的如报道中所说的那样。莫妮卡的妈妈可以打电话给老师，也可以给其他家长，核实莫妮卡所说的是否属实。

**诉诸信仰**

当一个论点以信仰为基础时，要谨慎分析该论点。有些论点会引用广为接受的成文宗教经文的权威，或引用教皇、穆罕默德或声名显赫的牧师等人的权威。在这种情况下，如果各方对权威达成一致，则不应将其视为谬误，而应视为归纳论证。

然而，有时所依赖的权威是一种信仰、传统流传下来的规范或其他无定形的东西。前提是一个公认的教条或神圣的真理，而这是无法证明的。这可能很棘手，因为对于信徒来说，信仰超越了逻辑或理性。

> 上帝的天使向我显灵，让我在山顶建立一座小教堂。如果你们有信心，就会看到我说的是真话。

天使向演讲者显现的真相并不是使其成为谬误的原因，而是他宣称有信心的人会相信他。现实情况是，一些有信心的人不会相信他，因为他们可能会认为他缺乏可信度。这种在信仰中寻可信度的说法，可能是因为没有其他方法来证明它。

然而，我们应该注意的是，仅仅将信仰或信念作为一种主张的基础，并不会立即导致谬误。以下是一些信仰理由先被视为谬误而遭到否定，随后又被普遍接受和认可的例子。

> 第五诫说："不可杀人。"因此，即使在战争中，我也不会拿着步枪或刀去杀敌。

在第二次世界大战中，德斯蒙德·多斯作为依良心拒服兵役者报名参加了美国步兵团——即使在训练期间，他也不会拿着步枪。作为一名虔诚的基督复临安息日会信徒，他认为即使在战争中夺取生命也是违背上帝旨意的。由于他的固执，他经常受到嘲笑和谩骂。后来，他成为一名军医，表现出色，挽救了100多人的生命。不久后，他因自己的行为获得了荣誉勋章。他的非凡信念成为传记电影《血战钢锯岭》的主题。

> 印度教将老鼠奉为圣物，啮齿动物在印度历史上占有神圣的地

位。因此，决不能消灭老鼠。

啮齿动物被认为是疾病和瘟疫的源头，因此现代人需要消灭它们。然而，在印度，人们对啮齿类动物的崇敬却延续了几个世纪，这一点从该国的考古遗址中就能看出。时至今日，印度拉贾斯坦邦仍矗立着一座老鼠神庙，以纪念印度教神灵卡尔尼·玛塔。

> 伊斯兰教认为收取贷款利息是不公正、不道德的做法。因此，不能容忍银行支付利息。

现代银行业建立在货币时间价值的概念之上，借出的钱必须赚取利息。然而，伊斯兰教法禁止伊斯兰教信徒收取或支付利息，因为这是一种不道德的高利贷行为。然而，随着伊斯兰银行业的兴起，即使通过传统的银行系统，也可以获得无息银行产品。

> 13被认为是一个不吉利的数字。这就是为什么许多高层建筑不设第13层。

人们最初（有时仍然）认为13是没有逻辑依据的迷信，对这个不吉利的数字感到厌恶。然而，在高层建筑，尤其是酒店的建设中，不设第13层，或者即使有第13层，也不设电梯的传统已蔚然成风。因此，建筑设计师、建筑公司和电梯公司都采取了这样的做法，即如果客户有要求，就不设第13层。酒店客人和大楼租户拒绝入住或租用第13层的空间，从而使这种做法制度化。

**避免这种谬误的方法：**

在立即将基于信仰或信念的理由认定为谬误时要谨慎。假设所有相关方都认为价值或信仰无关紧要，那么在这种情况下，论证就变成了"红鲱鱼"（另一种谬误），声称价值的前提就变成了无关紧要的问题。

如果有些人相信价值或信念的真实性，而另一些人不相信，那么争论冲突双方已经认为不可争论的问题就是愚蠢的。最明智的办法是相互尊重，求同存异。

为什么在评估权威或信仰诉求时，研究人们的信仰模式很重要？人类是一种复杂的生物，逻辑和信仰在决策中发挥着强大的作用。

在任何时候，我们都应该牢记，我们所做的决定会影响或涉及其他人，这些人可能与我们有相同的信仰或价值观，也可能与我们没有相同的信仰或价值观。在我们当前的全球商业环境和国际合作中尤其如此。

### 诉诸情感谬误

这种谬误也被称为操纵性的悲怆诉求、操纵情绪或"玩弄观众"。观众指的是那些天真或易受骗的普通大众，他们很容易被情绪化的叙述所左右。诉诸情感的论点与理性相去甚远；当没有充分的理由支持主张时，人们就会诉诸情感。商业广告中的情感诉求不足为奇。

> 高级餐厅和酒店在宣传情人节套餐时，会展示一对显然相爱的英俊情侣在其中一家餐厅享受优雅的烛光晚餐。

> 慈善机构和基金会通过突出贫困家庭的困境或需要帮助的儿童的可怜状况来宣传赞助和捐款。

谬误可以诉诸特定类型的情感。常用的情感诉求有五种。

### 貌似怜悯

> "请让我参加毕业典礼，史密斯院长，拜托了！我的家人都来了，包括国外的亲戚，因为他们以为我已经通过毕业考试了！他们都盛装出席。你会让他们伤心吗？"

史密斯院长不应该让一个不合格的学生毕业，因为这违反了规定。如果他屈从于怜悯，他就会以官方权威行事，公开向不合格的学生颁发学位，从而进一步损害学校的声誉。

### 恐惧的表象

> 网上订购可能很危险。罗伊在网上用信用卡订购，两天后，他发现自己所有的账户都被黑客攻击了！最好亲自去购买产品，这样就可以用现金支付了。

如果采取适当的预防措施，使用第三方支付服务，网上订购是安全的。亲自购买有其优势，但这些都是理性的考虑，与担心信用欺诈无关。

> 孩子们，你们最好把盘子里的东西都吃完。当你死后，你的灵魂会回来捡起你留下的每一粒米。

有时，这种恐惧是对违背不成文法的行为的一种致命惩罚。这对吓唬孩子特别有效，因为他们不会质疑其逻辑合理性。

### 通过关联认定有罪

> 被告陪审团的成员是韩国人，很可能是世界上最大的贩毒集团的成员，该集团的根基也在韩国首尔。

并非所有韩国人都是黑社会成员，正如并非所有墨西哥人都是MS-13的成员，也并非所有日本人都是黑帮成员。真正的内疚应该是因为真正的过失，而不是想象中的过失。

> 陪审团成员认为，被告是韩国人，很可能是世界上最大的贩毒集团的成员，该集团的根基也在韩国。

并非所有韩国人都是黑社会成员，正如并非所有墨西哥人都是MS-13成员，也并非所有日本人都是黑帮成员一样。真正的罪责应该是真正的罪行，而不是想象出来的罪行。

### 诉诸群体忠诚度

> 朱丽叶，作为阿尔法–贝塔–伽马联谊会的成员，你被禁止与罗密欧建立友谊，因为他属于西格玛–西塔–欧米伽兄弟会，我们

的长期对手。

如果朱丽叶愿意，她可以自由地与罗密欧交朋友，除非她是未成年人，而且有禁止她交朋友的真正顾虑（如罗密欧名下有案底）。对群体的忠诚不应限制个人事务的自由决定权。

### 诉诸羞耻感

> 亚历杭德罗，你是首席法官的儿子，也是我国民法典作者的孙子。但你在法学院的第一年却不及格！你父亲的同事会怎么想？他法律界的朋友会怎么看？

亚历杭德罗可以告诉他的父母，他对成为一名律师不感兴趣，而是热衷于音乐和艺术。

对于那些在遇到问题时只凭一时冲动就做出决定的人来说，上述五个论点是很有说服力的。在进退两难的情况下，即使没有经过深思熟虑，深陷其中的情感也会说服一个人做出有利于迅速缓解个人不适的决定。

### 避免这种谬误的方法：

通过思考问题来忽略短期不适可以防止将来后悔。面对会引发深层次情绪反应的争论，最好的办法是当下不要做出决定，给自己留出冷静和思考的时间。

此外，请记住，尽管存在谬误，但如果有理由支持，主张仍然可能是真实的，因此要保持开放的心态。重要的是，不应仅凭情感做出决定，而不考虑可能导致日后后悔的长期影响。要根据逻辑而非冲动做出决定。

### 诉诸无知谬误

有些论点的依据是没有任何证据可以反驳它的。当一个论证根据缺乏证据来推断某件事情是真还是假时，这就是诉诸无知。这种论证是荒谬的，因为没有证据证明什么，因此得出结论说它证明了什么是荒谬的。以下面这个经常遇到的论证为例。

> 有人能证明案发当晚你在哪里吗？如果你没有不在场证明，那
> 么你就是有罪的。

在警匪片中，有时过于强调嫌疑人的不在场证明。如果他不能通过客观证词证明自己在别处，犯罪调查人员就会认为他有罪。但事实并非如此，甚至在电影试图模仿的执法程序下也并非如此。我们已经习惯性地认为，我们可能会被认定有罪，因为我们可能没有不在场证明。如果没有排除合理怀疑的确凿证据，就不能仅凭怀疑定罪。

> 你的老师怀疑你在上次考试中作弊。向我们证明你没有作弊，
> 否则你将被停学。

要证明一个否定命题是不可能的。你能做的是证明你不可能作弊，例如，你根本没有参加考试。

> 没有证据证明其他星球上存在智慧生命。因此，地球是唯一存
> 在智慧生命的星球。

没有证据只是意味着无法获得可能的证据。这就像森林中的大树倒下时周围没有人听到一样，是一个两难的选择。没有人听到撞击声并不意味着没有声音。

> 没有科学证据证明有来生。因此，死后没有生命。

证据有多种形式，取决于参与讨论各方的取向。科学证明指的是实证主义方法，需要通过五官观察到证据，并通过科学方法进行分析。然而，解释主义或建构主义方法允许使用观察者对其经验的主观解释或建构来进行证明。使用一种证明方法得出的结论可能与使用另一种方法得出的结论不同，因此，考虑听者如何解释证据非常重要。

> 在这个偏远国家无法进行DNA检测，因此莎莉无法证明约翰是她孩子的父亲。因此，约翰不是莎莉孩子的父亲。

这种证明是几种方法中的一种，尽管它是最准确、最确凿的一种。然而，无法进行DNA检测并不能成为排除亲子关系的理由。当然，这也不是判定亲子关系成立的理由。这个问题根本就没有定论。

只有在缺乏证据的情况下仍然承认可能存在其他可能的结论，诉诸无知才是一种谬论。多种结果的可能性是诉诸无知的一个重要因素。但是，如果可能性是有限的，并且除了一种可能性之外所有可能性都被排除，那么剩下的可能性就一定是真的。在这种情况下，没有证据就是进行主张的证据。

> 乔西说她会在学校附近的星巴克等我。但是在她学校附近有两家星巴克，一家在第一街，另一家在主街。乔西不在主街的星巴克，所以她一定在第一街的星巴克等我。

乔西已经确认她会出现在两个地方中的一个，但她没有出现在其中一个地方，那么肯定在另一个地方。

> 豌豆在三个贝壳中的一个下面。左右两边的贝壳都是空的。所以，豌豆在中间贝壳的下面。

贝壳游戏是一种流行的骗人花招，它让人们误以为一个物体只能在三个贝壳中的一个下面。事实上，魔术师巧妙地将豌豆藏在手中，而不是放在贝壳下面。这使得豌豆所在位置的可能性从三个变成了四个，两个贝壳选项的排除使得选项减少到了两个——在中间贝壳的下面或者在魔术师手中。为了使确定性在诉诸无知的例外情况中占上风，必须有诚意并充分披露所有其他可能性。否则，这个谬误就成立了。

> 这个岛上只有四个男人，但是保罗、乔治和林戈都不能生育。

因此，约翰是莎莉孩子的父亲！

这个例子暗示莎莉没有离开这个岛。因此，只有四个男人可能是她的孩子的父亲。通过排除三个男人，即使没有做DNA检测，人们也可以有把握地断定约翰是孩子的父亲。

> 如果没有证据证明他有罪，那么他必须被宣布无罪。

从逻辑上讲，没有证据证明嫌疑人犯罪并不能证明他有罪或无罪。然而，无罪推定是法律强制规定的。它是一项法律惯例，可确保一个人不会处于不确定的境地；因此，根据现有证据，他要么是无辜的，要么是有罪的。

> 被指控的罪行是武装叛乱。但是，没有证据证明这些人持有武器，因此不存在犯罪行为。

法律规定的无罪推定是决定性的，除非出现相反的证据。在刑法中，确定了犯罪的必要要件，并由提出指控的一方承担举证责任。如果证据不能证明犯罪的所有必要要件，那么就如同没有证据一样，被告被推定无罪。

### 避免这种谬误的方法：

在宣布诉诸无知是谬论之前，我们应确保缺乏证据已穷尽了所有其他可能性，或者不存在在证据不存在时就得出结论的法律推定。如果除了论证所提出的主张之外，还有其他可能的选择，那么我们就不必为基于缺乏证据的论证所迷惑。

### 黑天鹅谬误

黑天鹅谬误，源于人们倾向于忽视与自己的推测和信念相悖的证据。其名称源于人们普遍认为所有天鹅都是白色的，因此，如果一只鸟是天鹅，那么这只鸟就一定是白色的。然而，事实证明这种普遍看法是错误的。一位名叫威廉·德·弗拉明（Willem de Vlamingh）的荷兰探险家在澳大利亚执行救援任务时，偶然发现了黑天鹅，因此，黑天鹅被纳入西澳大利亚州的州旗。他的发现也推翻了"所有天鹅都是白色的"这个假设。

在黑天鹅谬误中，每个人都认为有一个假设是真的，但后来发现是假的。这个假设是论证者做出决定的基础，论证者认为自己做出的决定是确定无疑的，因为假设（即白天鹅）是确定无疑的。因此，推翻假设也就推翻了结论的合理性。

> 热带国家没有冬季。

> 冬季运动需要在冬季训练运动员。

> 热带国家无法训练冬季运动的运动员。

大多数人都会认为，热带地区的国家无法参加冬季运动会是因为其气候温和。1992年，亚洲第一个滑冰场在菲律宾建成。2014年，迈克尔·马丁内斯成为第一位在东南亚长大并接受训练、获得冬奥会参赛资格的滑冰运动员。因此，这个谬误就在于，假设没有冬季的国家无法训练当地运动员参加任何冬季运动。

> 我们的澳大利亚之行定在7月，所以我带了所有的夏装、泳装、美黑乳液和沙滩巾。这是个错误的决定：澳大利亚的冬季从6月持续到8月。

上面的例子提到了7月，在美国，7月是夏季。一些美国人可能认为所有国家的季节都是一样的，却没有意识到南半球国家的季节实际上是与北半球相反的。

上述论点涉及许多人对人或事物的常见错误印象。这些错误的联想与其说是偏见，不如说是由惯常使用的思维方式造成的。

黑天鹅谬误也可以指一个人认为从未见过的事物不可能存在。哲学家指出，"黑天鹅发现"比喻发现一个人认为不可能的事情是可能的。

下面两个真实故事就讲述了一些人们认为不可能的事情被证明是完全可能的。

> 阿诺德的祖母问他是否愿意和他们一起去旅行。她说："如果你决定去，你今年的生日就过不了了。"阿诺德觉得不可能过不了生日，于是决定和祖父母一起去旅行。他们于1月9日离开洛杉矶，1月11日抵达马尼拉。他们失去了一天，即1月10日，因为越过了国际日期变更线。阿诺德就这样失去了当年的生日。

> 胡安追求安妮塔长达六年之久。第七年，他问她："安妮塔，你什么时候同意嫁给我？"安妮塔回答说："等乌鸦变白的时候。"这是女人说的"永远不会"的意思。但胡安没有被吓倒。第二天，他给了安妮塔一张全白羽毛乌鸦的电脑打印件。显然，1%的美洲乌鸦（Corvus Brachyrhynchos）患有"白化病"。安妮塔被他的坚持所感动（而且她总是信守承诺），在年底前嫁给了胡安。

虽然这些故事的结局并没有多严重的利害关系，但所谓的"不可能"条件可能被写入合同。

> 合作双方同意，除非柬埔寨政权发生更迭，否则合并将在十年内完成，而他们将在柬埔寨建立合资企业。

订约方可能认为十年内发生政变的可能性很小甚至没有，但到了第十年，政变却发生了。

**避免这种谬误的方法：**

如何避免黑天鹅谬误的陷阱？最简单的办法就是对论证中突出的字词

和短语的含义保持警惕。顾名思义，"黑天鹅"就是人们认为不可能发生的事情，因为从来没有人见过它。因此，除非亲眼所见，否则根本无法知道它是否可能发生。

最好的办法就是彻底研究那些暗示可能性微乎其微的断言、条件和规定。尽可能排除那些看似成语或比喻的表达方式（如"除非乌鸦变白"）。相反，用平实的语言来表达论点。当必须使用条件性语言时（如在合同中），将条件固定在已知而非未知的事件上。这将消除未来许多不受欢迎的意外。

### 乞求问题谬误

当论证中至少有一个前提假设结论为真，而不是加强或证明结论时，就会出现这种谬误。实际上，即使没有证据，也会假设结论为真。这种谬误的另一种说法是"循环论证"。

"乞求问题"的字面意思是"乞求回答的问题"，这个名字令人费解，因为根本没有乞求回答的问题。这种谬误假设了结论，并且没有留下任何疑问。它的拉丁文是petitio principii（"petitio"意为请愿、呼吁或乞求，"principii"意为原则或问题）。这一过渡表明，"乞求问题"只是拉丁语的直译，并不能真正表达谬误的本质。

下面是循环谬误的例子。

> 在2000年，我们所知道的世界将会终结，因为在这一天的上午12点01分，所有的电力都会关闭，飞机会从天空坠落，电话线路会被中断，我们将会回到黑暗时代。

在上述论证中，"阴险的千年虫"肯定会发生，作为证明，前提列举了所有会因此而发生的悲剧。这些前提并没有解释支持千年之交会发生世界性灾难这一说法的理由或原因。为了使论证正确，它可以解释说，由于程序错误，所有自动信息处理所依赖的计算机都将重置为双零"00"。这是一个错误的分析，但至少它列举了千年虫的一个可能的原因，而不是结果。

> 高尔夫是一项受欢迎的运动，因为很多人喜欢打高尔夫。

任何运动之所以受欢迎，都是因为它受到许多人的喜爱和享受。因此，上述论证的前提只是重申了结论。这是一个单一的推理。

乞求问题谬误中根本不需要任何问题，这是它与复杂问题谬误的区别。后者涉及两个问题，对一个问题的回答假定了对前一个问题的回答。后一种谬误不存在循环推理，而是对一个隐藏问题的隐含回答。

> 检查员怀疑："你上次打你妻子是什么时候？"

在这个复杂问题中，对一个隐藏问题"你是否殴打过你的妻子"的肯定回答被推定了，没有给嫌疑人否认的机会。实际上，警方的审讯策略有时会使用这种伎俩，让嫌疑人相信他的罪行已经被证实，从而诱使他招供。

**避免这种谬误的方法：**

发现乞求问题谬误需要敏捷的头脑。试着找出论据中哪一个是主张的证据。如果它与主张非常相似或主张已经包含的内容，那么你就犯了乞求问题谬误。要求提供更多的证据、更多的例子或按时间顺序排列在主张之前的证明。如果论证者不能提供任何证据，你就知道没有合理的前提，因此该论证是谬误的。

**非黑即白谬误**

顾名思义，这种谬误就是在有其他选择（灰色区域）可供选择的情况下，强迫人们只在一种或另一种极端选择（非黑即白）之间做出选择。这种谬误是强迫人们只在两种选择中做出选择。

非黑即白的谬误具有欺骗性，因为它使人们误以为只有两种选择，而其中一种选择没有优点，因此接受另一种极端选择是唯一的解决办法。论证者将两种选择的优劣对比作为决策的唯一重要标准。

> 克洛伊的母亲不同意她报读美术课程的愿望。"当艺术家并不能保证有好的收入。你最好选择医学专业，因为医生收入高！"

许多即将选择大学专业的高三学生都会面临这样的抉择。实际上，这个选择不一定非要在克洛伊和她妈妈之间做出。克洛伊的兴趣是艺术，而她妈妈的兴趣是让她从事高薪职业。克洛伊可以选择报读广告艺术专业来满足这两个兴趣。广告艺术专业既有艺术倾向，又有经济回报。

> 你选择为爱结婚，还是为钱结婚？

这是一个经典的非难题。老电影中的女主角经常在潇洒年轻的穷人和冷漠的百万富翁之间做出选择。在现实生活中，人们可以选择与一个能让你过上舒适生活的人建立一种关心、爱护的关系。

> 在投资餐饮业时，最好开一家高级餐厅，而不是快餐店。

做出商业决策需要开放和创新的思维。除高级餐厅和快餐店外，餐饮业还有许多其他经营模式，如小酒馆、自助餐、便民餐厅等。创新就是要结合现有模式的最佳特点。看似非此即彼的决定，却需要打破常规思维。

> 如果我的儿子爱我，他就会按照我的要求选择职业。但他没有按照我的要求去做。因此，他不爱我！

我们最关心的一些人有时会采取一种隐晦的操纵策略，将个人选择等同于家庭之爱的表现。选择职业或使命并不能证明爱或忠诚。在此基础上做出的选择本身就否定了选择作为天职的性质。个人选择与家庭之爱不能对立起来。无论选择什么职业，儿子都可以爱他的父母。

在上述每个例子中，总是存在着另一种选择，尽管其中隐含着一个错误的前提，即只有黑与白这两种选择存在，而且它们是相互排斥的。

**避免这种谬误的方法：**

非黑即白谬误很容易从非此即彼的前提中被发现。面对这种论证时，要仔细研究这些选择是否真的相互排斥，是否没有其他可供选择的方案。这将让人看到许多其他可能的决定。

黑白谬误涉及两个极端和中间的灰色地带。它经常与下一个谬误相混淆，我们将解释它们的区别。

## 中间立场谬误

有人认为在两个极端之间的所谓"中间地带"进行选择是正确的，仅仅是因为它位于两个极端之间。所谓"中间地带"是最好的，并不是因为中间地带比极端地带更有优势。相反，它是介于两个极端之间的折中方案，优点可能更少。它被作为最佳选择提出的前提是，极端选择的拥护者可能会发现它对所有人来说都是可以接受的。

> 文森特喜欢在剧院里跳芭蕾舞的安妮。但文森特的妈妈想让他和当地一家餐馆的老板迪莉娅相亲。为了解决这个问题，文森特的爸爸给他介绍了在酒吧和烧烤店跳舞的安吉拉。

文森特的爸爸错误地认为文森特喜欢安妮是因为她会跳舞，而他妈妈喜欢迪莉娅是因为她在餐馆工作。他对舞蹈的种类和餐馆工作的性质熟视无睹。他不认为最好的选择其实可能是安妮，文森特可能会因为安妮的许多其他品质而喜欢她。

> 安德鲁是一名共和党人，他认为自己不能容忍民主党州长。他的妻子普里西拉是一名民主党人，她认为自己无法容忍共和党州长。为了维护家庭和平，他们决定投票给独立候选人。

州长的最佳人选应该是最有资格履行该职位职责的候选人,这应该是选举公职人员的前提。因此,根据党派进行选择并不能保证做出最佳选择,有可能其他主要党派的候选人会做出更好的政绩。

> 布鲁诺曾经每天喝十瓶啤酒。十年后,他生病了,需要做血管支架手术来保持血流畅通。医生严令他再也不能喝一滴啤酒,因为这对他的健康有害。布鲁诺回到家后,心想:"我怕死,但我不能没有啤酒!"于是,他决定每天只喝五瓶。

在许多医疗案例中,医生会允许病人在饮酒方面有一些余地,但在严重的情况下,他们会建议病人完全戒酒。为了病人的利益,医生的严令不容妥协。布鲁诺不明白,在这个案例中,从医生建议一滴酒不喝到他以前每天喝十瓶(或者一天五瓶)的中间立场是一个不可接受的决定。

中间立场谬误和非黑即白谬误的相似之处在于,它们都是选择其中一个极端,或者在两个极端之间做出妥协。不同的是,在非黑即白谬误中,中间的选择可能是最好的,而在中间立场谬误中,两个极端中的一个可能是更好的选择。

### 避免这种谬误的方法:

中间立场谬误也很容易被发现,因为该命题涉及两个极端立场之间的妥协。这种妥协显然不足以或不适合解决所提出的问题。做出这一决定的原因无非是选择了中间立场。要解决这一谬误,应分析选择的是非曲直,做出的任何妥协都应考虑到是非曲直。

### 虚假理由谬误

虚假理由谬误存在于论证中,其中前提和结论之间的逻辑联系是一种假想的联系。基于三种错误的逻辑联系,有如下三种虚假理由谬误。

**后此故因此谬误**

> 每次雷雨过后，高尔夫球场的草看起来更绿，因此，雷雨会使草更绿。

实际上并不是雷雨本身使草更绿，而是草被浇灌后变得更绿，打开自动喷淋系统通常也会有相同的结果。

> 她每次公开演讲后都会呕吐，因此，演讲导致她呕吐。

让她呕吐的不是演讲，而是她感受到的压力，让她在每次公开演讲后都感到恶心。她可能会从一些专业建议或公共演讲课中受益，或者在演讲前进行一些心理练习来缓解压力，但她不应该回避自己的演讲活动。

> 在阿兹特克人举行了向神献祭人类的仪式后，他们获得了丰收。因此，祭品带来了丰收。

祭品和丰收之间的巧合是偶然的，因为农业科学已经为丰收奠定了必要条件。献祭人类并不会影响收成，而且是对人类生命不必要的、可怕的浪费。

> 我办公室的竞争对手桑德拉给老板送了一份不错的圣诞礼物，结果1月份她就升职了。哇，那份礼物确实带来了一定的回报！

桑德拉送的礼物和她后来的升职可能有因果关系，也可能没有因果关系，但在没有确凿证据的情况下不可能得出结论。多年来，桑德拉可能一直凭借出色的工作而获得晋升。如果仅仅因为礼物就断定她获得了晋升，那就太刻薄了，也太没品位了。

**与此故因此谬误**

> 狗狗在散步时会在人行道上大便，因此是散步导致它们大便。

散步可能会给狗狗提供排便所需的运动，但众所周知，即使狗狗被限制在封闭的空间里，它们也会排便。

有些狗狗在散步时根本不排便。导致排便的原因不是散步，而是狗狗自身的身体机能。

> 约翰在钓鱼时播放音乐，就能钓到鱼。

音乐可能会影响鱼，也可能不会，但要得出确切结论，需要借助实验进行科学研究。户外活动中影响钓鱼的因素太多了。可以确定的是，约翰在钓鱼时是否喜欢音乐，因为约翰可以回答他对音乐的感受。否则，音乐和钓到的鱼的数量之间没有逻辑联系。

> 一对夫妇乘坐房车旅行时，他们的狗一直在旅行箱里嚎叫。他们认为这只狗受到了旅行的干扰，不喜欢旅行。狗语者让这对夫妇相信，妻子安娜的焦虑造成了狗的不安。

人们经常会根据狗狗对持续刺激的反应来错误地解释狗狗的行为。然而，狗行为学家和心理学家解释说，狗的行为方式是对主人情绪的反应。狗与主人之间的关系并非常识，因此专家有时可能需要解释真相，以消除外行人的误解。

**忽略共同原因谬误**

忽略共同原因谬误指的是，人们认为一件事情是由某件事情引起的，却忽略了另一件事可能同时引起了这两件事。

> 我以为早上公鸡的叫声会吵醒农场里的其他动物，但是最后一只公鸡死了，所有动物都醒了。所以，初升的太阳唤醒了农场里所有的动物，包括公鸡。

事实上，无论公鸡是否打鸣，昼伏夜出的动物都会随着日出醒来。

> 通货膨胀率的上升导致利率的上升。实际上，经济政策往往会

导致通货膨胀率和利率的波动。

经济分析师预计，当通货膨胀率上升时，利率也会上升。这是真的，因为经济管理部门会利用政策来控制货币的供应量。但有时通货膨胀率的上升并不会导致利率的上升。经济指标会对广泛的经济政策的影响做出反应。

> 美国B市凶杀率正在上升，市长将其归咎于该市非法枪支的增加。她应该承认，这两者都是在她领导下执法不力的结果。

这一谬误与人们对枪支管制的看法无关。杀人和非法持有枪支都是违法行为。非法枪支的数量并不是凶杀率上升的最终原因，凶杀案可以通过枪支以外的手段实施。但两者都指向执法不严，而执法不严才是犯罪率上升的真正原因。

**避免这种谬误的方法：**

虚假理由谬误可能很难识别，因为在某些情况下，主题可能有细微的差别，需要特殊的知识（如前面例子中的狗心理学和经济学知识）。有时，它们很容易被发现，因为它们公然违背逻辑（如献祭人类）。要解决涉及难题或主张的虚假理由谬误，你必须做一些研究，并就某些现象的真正原因咨询可靠的专家。结合逻辑和信息来解决虚假理由谬误。

**红鲱鱼谬误**

当论辩者抛出一个无关紧要的问题来分散听者的注意力并混淆听者的视听，使其同意自己的主张时，就会出现这种谬误。这种谬误的名称来源于据称越狱囚犯在越狱时的一种做法。他们将散发着异味的红鲱鱼扔向不同的方向，以分散追捕他们的狗的注意力，使其远离人类的气味，从而摆脱对他们的追踪。在这种谬论中，红鲱鱼是无关紧要的问题。

> 伊恩在单行道上逆向行驶时被抓了个正着。伊恩对附近的路标

视而不见，他对逮捕他的警官说："但是警官，我不知道这是单行道。"警官要他出示驾照，结果发现驾照已经过期。"真的吗？我不知道！"最后，警官告诉伊恩，他驾驶的汽车已被报失。"不，你没说！这辆车是我向朋友借的，只是忘了征得他的同意。"

伊恩给出的三个理由都是在转移话题。第一，对法律的无知不能成为任何人的借口。第二，所有司机都应该对自己的证件负责。第三，未经许可占有他人财产，就会被推定为盗窃。因此，伊恩提出的这三个理由都与他的辩护无关。

以下是其他常见的红鲱鱼谬误。

> 老师，狗吃了我的作业。

狗吃了一个人的作业无关紧要。为了谨慎起见，我们应该随时多准备一份作业以备不时之需。没有作业仍然意味着没有成绩。

> 我确信不存在全球变暖，我们在70年代学到的冰河时期还没有到来。

一种科学理论的有效性不能取决于另一种可能无关的科学理论的有效性。引用一个已被推翻的理论来反驳另一个理论，这是在转移注意力。

> 好莱坞的人不可信。演员们知道如何伪装，所以他们可以让你相信任何事情。

对他人的艺术刻画并不等于欺骗，因此与衡量人的可信度无关。

当大部分漫威超级英雄在《复仇者联盟3：无限战争》中阵亡时，因喜爱的明星逝去而感到悲伤的影迷数量激增。因此，结局悲惨的电影对观众来说是不健康的，媒体监管机构应予以取缔。

现在，视觉娱乐的逼真度已经达到了新的高度，银幕上的人物和扮演他们的演员之间的混淆也越来越频繁。用一过性的异常反应来为媒体审查辩解，实在是杞人忧天。

随着视觉娱乐在逼真度上达到新的高度，屏幕上的角色和扮演他们的演员之间越来越容易被混淆。但狂热的粉丝可能会将"悬念"发挥到极致。用短暂的异常反应来为媒体审查辩解，实在是杞人忧天。

**避免这种谬误的方法：**

既然红鲱鱼谬误的目的是分散注意力和混淆视听，那么就不要被它分散注意力和混淆视听。当觉得争论毫无意义时，你就应该怀疑是红鲱鱼谬误。既然争论者提出的问题毫无意义，那就完全忽略它，直接解决问题（第一个例子中的警官应该直接给伊恩开罚单）。你不需要为一个愚蠢的提议争辩。

**滑坡谬误**

滑坡谬论认为，迈出一小步虽然看似无害，但最终会导致人们陷入越来越有害的境地。这就是为什么根本不应该迈出第一步。所谓"滑坡"，就是不可避免地走向更危险的道路，即使没有强有力的理由。

别以为说善意谎言就没事了。你会习惯于撒越来越大的谎，直到你再也无法说出真相。

一些研究倾向于支持这种说法，但也有研究表明，人们有时会使用社交谎言（善意谎言），因为他们害怕诚实但负面的评论会造成情感伤害。同情心是某些善意谎言的驱动力，这表明人们在缺乏利他主义动机的其他情况下不再说谎。

**避免这种谬误的方法：**

可以通过证明所谓的未来结果并非必然结论来反驳滑坡谬论。例如，对某种药物使用情况的调查或对过去事件的叙述，最终得出不同的结果，都可以反驳这种谬误。

### 错误类比谬误

错误类比谬误将两件事物进行错误的比较。它指出，如果A和B在某种品质上相同，那么它们在其他品质上也一定相同。接下来的三个论证都是错误类比谬误，因为比较的标准并不支持结论。

> 提米和汤米都是海豹突击队员。汤米是一个好丈夫、好父亲。这意味着提米同样也会是一个好丈夫、好父亲。

提米和汤米都是海豹突击队员，这可能意味着他们都训练有素，但这与他们的婚姻和家庭无关。

> 菲律宾人和印度尼西亚人都是热情好客的亚洲人。菲律宾人大多信奉天主教，因此印尼人也大多信奉天主教。

菲律宾人和印度尼西亚人在种族和文化上有着密切的联系，但历史的差异导致印度尼西亚人主要信奉穆斯林，而菲律宾人主要信奉天主教。

> 阿司匹林是法国人的发明，断头台也是。阿司匹林对人类有益，因此断头台也一定对人类有益。

同一国家的发明可能是好的，也可能是坏的，这取决于其用途。阿司匹林是一种缓解疼痛的药物，断头台则是一种用于大规模处决的工具。

错误类比可以指同一类别中的两个物品或两个人，但具有相同特征的程度不同。这种类比之所以失败，是因为被比较的同一事物背后有着不同的原因。

> 菲利普博士发现他的学生吉尔在考试时打开了她的手册。他叫她注意，问她为什么要作弊。"我没有作弊，医生。当我还是你的实习生时，我注意到你在给病人开处方时会查阅你的手册。虽然你已经是医生了，但还是要看你的手册，那我想我也应该可以这样做，因为我还是个学生，知识比你少得多。"

菲利普医生查阅他的手册是一种勤勉的行为，以确保他为病人提供正确的治疗。这是尽职的一部分。而吉尔是一名学生，她正在参加考试，以测试自己的知识水平。因此，菲利普医生禁止她查阅手册是正确的，因为这有违考试的目的。他们这样做的目的是不能相提并论的。

> 我妻子禁止我喝酒，因为她说酒是魔鬼的饮料。我不觉得这有什么不对。与我相比，我们教区的牧师是个圣人，他每周日都会当着全体教众的面喝酒。

丈夫喝酒是一种自我放纵的行为。牧师在做弥撒时喝酒是庆祝宗教圣事的一部分。这两种情况下的饮酒行为不可相提并论。

**避免这种谬误的方法：**

同样，要发现错误类比谬误可能并不容易，因为你需要分析被比较的事物。如果比较的标准与结论无关，那么它就是一个错误类比，应不予考虑。

## 沉没成本谬误

经济学术语中的"沉没成本"指的是已经做出的投资。沉没成本谬误是指一个人在某件事情上投入时间、精力或金钱后的行为。他们得出的结论是要"物有所值"，即使可能会使自己处于更不利的地位，也要努力获得投资的价值。

这种谬误的另一个名称是协和谬误。这是对协和式超音速客机的公开引用，尽管未来的回报必然不稳定，但协和式超音速客机项目的支持者仍在继续追求。沉没成本与损失厌恶（遭受损失的心理痛苦）和现状偏差（保持现状的冲动）有关。

> 克里斯在与希拉约会时已经花了很多钱，包括高级龙虾晚餐、百老汇戏剧和昂贵的礼物。他现在希望她能接受他的求婚，因

为他值得，毕竟他为她花了很多金钱和时间。

这种说法的谬误在于，希拉有义务接受克里斯的求婚，因为他已经花了一大笔钱来追求她。然而，接受求婚的真正理由应该是她愿意成为他的配偶。这个案例的另一个变种更为险恶：

> 罗恩要去和一个新的辣妹约会。他要请她看电影、吃龙虾大餐、喝昂贵的饮料。他希望，如果她之后邀请他，他就会觉得这次约会花的钱是值得的。

求爱费用不应与是否接受更长久的关系相关。更重要的是，约会的价格不应成为期待约会后浪漫的理由。

> 兰迪购买了一家度假酒店的会员资格，他同意每年支付固定金额使用酒店两周。起初，他觉得这是个好主意。后来，兰迪觉得自己不想每年都在同一个地方度假，甚至不想度假。但既然已经付了钱，兰迪就继续每年在那个度假酒店住两周。

兰迪有几种选择，如果他愿意，可以把这个会员资格与其他人交换，或者以微弱的折扣卖掉这个会员资格。但兰迪想让自己的钱物有所值，所以去了他并不真正想要的度假地。

> 尽管尝试了一年的餐饮业，但很明显，这从一开始就是一个失败的冒险。尽管如此，爱丽丝还是坚持要做下去，理由是她还想收回已经投入的资金。

最后这种情况与协和式超音速客机项目的情况如出一辙，项目支持者拒绝放弃梦想。爱丽丝拒绝承认这个生意是个馊主意，尽管可能性很小，但她仍然希望收回投资。

沉没成本谬误相对来说比较容易识别，因为它们涉及在时间、金钱或精力方面投入一些可辨别的价值，并拒绝在更明智的决定中承担损失。然而，沉没成本困境并不容易解决，因为它本质上是一种行为。

**避免这种谬误的方法：**

避免陷入沉没成本谬误陷阱的最佳决策指南是，在投资时设定一个亏损上限，并在计划实现时严格遵守。亏损上限是指一个人愿意承担损失的点，如投资价值的20%、风险投资一年后的损失，或时间和资源方面的任何损失。设定这个上限之后，就应该下定决心，在达到这个限度时一刀两断，不留遗憾。

### 诉诸群众谬误

诉诸群众谬误依赖于听众希望与一大群人或某一特定类型的人联系在一起，以此作为说服的基础。这类谬误有三种：从众谬误、诉诸虚荣谬误和诉诸势利谬误，但哗众取宠谬误是三种谬误中较流行的一种。

### 从众谬误

顾名思义，从众谬误试图说服听众接受一种说法，因为许多其他人都接受了这种说法。

> 今年美国最畅销的汽车是福特F系列，所以你应该考虑买一辆。

汽车是昂贵的。因此，购买者在选择购买时应以购买的理由为指导。只说它是最畅销的汽车，并不能说明性价比、性能或车主可能特别喜欢的特殊功能（如四轮驱动）。

> 现在每个人都用信用卡进行网上交易，所以一定很安全。

并不是每个人都使用信用卡，而且在某些应用中，信用卡并不安全，信用卡事件的不断增加就说明了这一点。某项服务或产品的受欢迎程度并不能证明它是安全的，因此必须确保采取预防措施。

### 诉诸虚荣谬误

当论点将主张与偏好的地位或生活方式联系起来时，它就是一种对虚荣的诉求。

> 举重和锻炼肌肉的男人在海滩上会吸引更多的女人。如果你想成为一个有女人缘的男人，每周要做三次健身锻炼。

健身房锻炼的特定频率并不能保证一个男人会吸引更多的女人。许多女性会被聪明、迷人、和蔼可亲的男性所吸引。轮廓分明的体型可能是健身爱好者努力追求的目标，也是对自己的奖励。

> 如果你只吃植物性食物，不吃肉，你不仅会变得更健康，而且会变得更快乐。

苗条和健康是一个人可以努力追求的形象，但最终决定他是否快乐的是他的性格。

### 诉诸势利谬误

另一个常见的论点是将自己的主张与精英群体的一部分联系起来。这就是所谓的诉诸势利谬误。

> 哈佛大学的毕业生是受人尊敬的知识巨人，因此，我要去那里攻读大学学位。

学校的选择应取决于学生所选择的学位及其父母的支付能力。为了炫耀而去贵族学校是不切实际的，也是不明智的。

> 你应该接受他的求婚。他是王子，所以你会成为公主，从此过上幸福的生活。

为了获得头衔而同意结婚并不会带来幸福。现实生活中类似的案例比比皆是。该结论在逻辑上不符合前提。

诉诸虚荣谬误和诉诸势利谬误非常相似，但它们的意图不同。诉诸势利谬误旨在说服听者通过加入精英团体来获得想要的地位。相比之下，诉诸虚荣谬误更多的是为了说服听者接受一种理想的生活方式。

**避免这种谬误的方法：**

诉诸群众谬误具有误导性，因为它用参照群体的意见代替了我们自己的意见。这意味着我们不能为自己做决定，所以我们接受别人"更好的感觉"来为我们做决定。面对这种论点，我们必须决定我们希望在多大程度上被该参照群体所定义。最好的选择是，永远根据我们最好的想法来做决定。

**稻草人谬误**

这种谬误给人一种反驳命题的错觉，即论证者暗中用另一个较弱的命题（"稻草人"）取代原命题，并攻击这个命题。这样一来，原命题就不攻自破了。稻草人谬误有如下三种情况。

**歪曲**

歪曲是用完全不同的、毫无根据的、完全歪曲事实的问题来代替真实的问题。

> 你的女儿黛西称赞我的儿子罗伯特的家族历史和地位。很明显，她想嫁给我的儿子，因为我的儿子出身于一个富有且受社会尊敬的家庭。她只是对我们的财富和名声感兴趣。因此，这场婚礼不应该强行举行。

美国许多社会地位高的家庭的父母都提出过这种"稻草人"式的论点。论证者混淆了黛西所表现出的真正的尊重和赞赏，指责黛西对他们的社会地位和富裕生活有着肤浅的兴趣。通过将这种恶意归咎于黛西，罗伯特的父母可以使他们对婚礼的反对更容易被接受。

> 阿琳想加入排球队，但她妈妈告诉教练，她没有得到父母的允许。"她的胳膊在年轻时骨折过，医生建议她在骨头更结实之前不要参加竞技比赛。"当教练告诉阿琳时，她对妈妈发泄了

自己的愤怒："你总是反对我想要的一切。你就是不想让我快乐！"

一般来说，父母都希望孩子追求自己的梦想，但偶尔也会有充分的理由让他们停下来。当父母对孩子说"不"时，大一点儿的孩子可能会感到不满，并通过扭曲问题和把父母描绘成专横跋扈的人等方式来发泄自己的不满，这让他们觉得自己的反抗是合理的。

### 过度简化

对于稻草人谬误来说，过度简化是将更大的问题变得微不足道，只涉及其中的一部分，或者只关注众多促成因素中的一个。

> 麦当劳的咖啡很烫。我的客户在取下咖啡杯盖时，将咖啡杯放在了膝盖之间。滚烫的咖啡溅到了她身上，她被三度烫伤，需要到急诊室就诊。印在咖啡杯侧面的警示牌非常小，任何人都很难看到，但这证明麦当劳知道它的咖啡非常烫。因此，这起事故是麦当劳的过错。

在这个案例中，导致客户受伤的因素很多。但辩方律师无视其当事人的粗心和没有采取预防措施，而是将问题简化为麦当劳的咖啡太烫。因为客户的疏忽导致了事故的发生，这个问题比辩方律师所说的更加复杂。

> 在离婚诉讼中，为了确定子女的监护权，经济条件较好、有稳定收入来源的一方应获得子女的单独监护权。这是为了孩子的利益着想。

父母监护权所涉及的复杂因素包括子女的福利、双方的育儿技能、是否有时间照顾子女、住所与学校和医院的距离、抚养子女的社区条件等。将问题简单化为谁拥有更多的钱是对一个复杂决定的过度简化。

### 过度扩展

过度简化缩小了所涉问题的范围，而过度扩展包括了与所涉的真正问题看似相关但实际不相关的问题，将原因引向别处。

> 嫌疑人还是个孩子时，就被父母遗弃。他成了国家的监护对象，从一个寄养家庭转到另一个寄养家庭。他没有得到所有儿童都应得到的适当教养和道德教育。现在他犯了罪，这不是他的错，而是国家的错。

寄养制度的失败并不能否定所有成熟的人对自己行为所负的责任。有很多和他一样的人也经历了同样的制度，并成为负责任的成年人，甚至根据自己的经历主动去改革制度。上述案例中的犯罪嫌疑人仍然负有责任。

> 现代高层建筑能效低，因此对城市的碳足迹有显著的影响，碳足迹是气候变化的主要原因。因此，市议会应该下令对其所有的高层建筑进行改造。这些高层建筑应该只使用太阳能和风能。

在越权的情况下，新法规不应该追溯既往，将符合当时法规的结构改动包括在内。这将成为对业主的一种惩罚，他们将需要承担昂贵的维修费用，而自己却没有任何过错。

#### 避免这种谬误的方法：

要识别稻草人谬误，请牢记合理重拟的论证批评与策略性炮制的稻草人之间的细微差别。论证者歪曲了对方的强命题，用弱命题取而代之。论证者成功地攻击了弱命题，却忽略了原来的主张。歪曲、过度简化或过度扩展都会导致表里不一。

### 诉诸武力谬误

诉诸武力与诉诸恐惧相似，只不过前者是论证者威胁要伤害他人，而后者的恐惧则来自论证者之外的因素。

严格来说，诉诸武力不是谬误论证，也根本不是论证，因为它依靠的不是逻辑，而是强制。然而，它理所当然地在谬误中占有一席之地，因为当威胁使用武力的一方在逻辑辩论中败下阵来时，通过威胁它能有效地赢得辩论。

> 沃利告诉艾达，如果她坚持当空姐，他就取消婚礼。

从独立的角度来看，这是一种武力诉求。决定结婚与否的基础应该是两个人是否对彼此有强烈的感情，是否想要生活在一起，"无论好坏，无论贫富，无论疾病还是健康"，所以他们的职业对彼此来说并不重要。

因此，沃利的威胁是强迫艾达做他想做的事。然而，如果沃利发出这种毫无根据的威胁，那么艾达就有理由自己取消婚礼。很显然，沃利并不喜欢艾达。

> 你最好相信气候变化的存在，否则我们会在社交媒体上把你列为否认者。

这种特别的诉诸武力情况适用于几乎所有不受欢迎的行为，任何在社交媒体上活跃的人都可能做出这种行为。网上欺凌已经成为一种有效的威胁，可以让任何人服从，即使它们不被人们所接受。

> 60年代，我们必须严格遵守父亲的命令，否则会被他威胁要用皮带打我们的屁股。

体罚的威胁是一种诉诸武力的手段，因为儿童不能质疑父母的权威。在这种严格的教育过程中，逻辑不起作用。

武力威胁不能在前提下是合理或正常的。如果"威胁"实际上是事实或结论的合理结果，那么论证就变得合乎逻辑了。以下是此类非谬误的例子。

> 我是美国国税局特工。请务必申报你的所有收入，否则我会找你算账。

> 你必须在圣诞假期开始前提交论文，否则我会给你不及格的分数。

> 如果你每天不刷牙，蛀牙就会开始。我就得带你去看牙医，把你的蛀牙都拔掉！

**避免这种谬误的方法：**

诉诸武力谬误可以通过论证者威胁要对听者施加的行为的性质来识别。不遵守或不同意的后果与论证没有逻辑联系。反驳这种谬误的唯一方法就是，用逻辑推理来解释为什么不可能达成一致。但请记住，坚持己见可能会导致受到威胁的伤害。如果风险很大，伤害很严重，可能有必要诉诸法律。

### 谬误的谬误

谬误的谬误也被称为"谬误论证"，它所依据的理由是，既然主张的论证不充分（即论证建立在谬误之上），那么主张本身就是错误的，而事实上，主张可能是正确的。

> 塞西莉亚告诉苏珊姜黄茶治好了她的膝盖关节炎，但苏珊后来发现塞西莉亚做了膝盖手术。苏珊现在相信姜黄茶对关节炎确实没有好处。

该谬论是，塞西莉亚的膝盖完全康复是姜黄茶的功劳。这未免言过其实，因为姜黄茶的功效在于只能缓解而非治愈病情。苏珊完全否认姜黄茶可能带来的任何好处，这是另一个谬误。

> 艾伦想要一只狗。他的父母听说狗是很好的宠物，因为有些狗，如约克夏猎犬，不会引起哮喘。他们给艾伦买了一只法国

斗牛犬，不幸的是，这只狗让他的哮喘病恶化了。父母认为狗终究不是好宠物。

声称狗是好宠物，这是正确的，因为狗是人类最好的朋友。最初的谬论是，狗是好宠物，因为它们不会导致哮喘。这是一种草率的以偏概全的谬论，因为只有一些狗是低过敏性的。

谬误的谬误在于，仅仅因为不是所有的狗都不会引起哮喘，所以所有的狗都不会成为好宠物。可悲的是，这种不合理的推理可能会让艾伦失去他可能非常想要的狗。

**避免这种谬误的方法：**

谬误的谬误是逻辑爱好者容易陷入的一种谬误。意识到谬误的人可能会专注于识别谬误，在发现一些谬误后，即使结论可能是真的，也会认为是假的而不予理会。

要反驳谬误的谬误，就要找出原始论证谬误的原因，并指出其逻辑上的缺陷。如果最初的谬误来自你，那么承认它在逻辑上有缺陷。然后，你应该证明谬误推理并没有否定原始论证中的主要主张。下一步就是收回原始论证中的谬误主张，保留有效结论。

## ↘ 整合谬误

在这个简短的讨论中，我们所遇到的谬误的数量和种类说明了谬误是多么常见，我们又是多么频繁地遇到它们。这些只是逻辑学者发现的数百种可能的逻辑谬误中的一小部分。

我们不可能记住所有的谬误，即使记住了，也不一定能在遇到谬误时迅速识别出来。不过，如果我们能意识到其中的一小部分，并每天尽可能多地练习发现它们，那么我们的思考、讨论和决策能力就会得到很大的提高。

## ↘ 行动步骤

非形式逻辑谬误在通俗文学中随处可见。从你最喜欢的杂志、在线网站、报纸的社会版中选择一两篇文章，按照以下由瓦伊迪亚和埃里克森设计的步骤浏览文章，看看你能找到多少谬误。

1. 检查文章是否包含论证。如果包含论证，陈述它的结论。了解结论是分析该论证逻辑支持的第一步。

2. 判断文章是否包含有争议的主张。当前关于这些主张的辩论通常暗示了所争议的问题。

3. 检查是否有任何核心主张依赖于专业知识。收集已有的专家的知识和意见以及尚未解决的问题。

4. 探究文章提出的选择或替代方案是否足够详尽。

5. 仔细考虑是否有些词语表示不同的意思。注意那些在不同语境中有多种含义的词语。

请记住，有些段落包含不止一种谬误，因此耐心和坚持会有很大帮助。

下面练习列出的五个论证可能包含或不包含谬误。分析并回答每个论证是否包含谬误，如果包含，包含的是哪一种谬误，并对你的选择做出解释。（不要提前查看本章末尾的参考答案，请尽最大的努力思考并回答。）

1. 他们说一场流感正在全国蔓延。然而，在我们镇上，没有发生流感的迹象。因此，存在这种流行病的说法是不正确的。

2. 家庭是建立健全社会的基石，因为健康社会的基础在于由强大的家庭组成的社区。

3. 每次我去中国朋友的店，他的生意就很快变得好起来，所以他说我是他的幸运星，并邀请我经常去他的店里玩。

4. 负责迪士尼主题公园广告活动的那家公司也为我们镇上的嘉年华游乐设施做广告。我确信我们镇上嘉年华的游乐设施和迪士尼主题公园的游乐设施一样安全。

5. 约翰打电话请病假,他的老板艾伦给他放了一天假。中午,艾伦去附近的商场吃饭。在那里,他见到约翰和他的妻子。艾伦有点尖锐地问:"约翰,我以为你病了。"约翰回答说:"我医生的诊所在四楼。"

## ↘ 分析与思考

非形式逻辑谬误源于不合理的推理,正如形式逻辑谬误源于构建论证时的结构错误一样。许多逻辑错误都是冲动造成的——例如,当学龄前儿童提到"性"时,父母就会感到恐慌。但有些逻辑谬误是恶意的误导和混淆。因此,了解如何避免此类逻辑谬误非常重要,这将在本书的第三篇进行讨论。

## ↘ 关键要点

- 非形式逻辑谬误是由不合理的推理产生的。
- 有些非形式逻辑谬误依赖于薄弱的证据,如诉诸情感谬误、诉诸权威谬误和诉诸群众谬误。
- 有些非形式逻辑谬误属于弱归纳谬误,如稻草人谬误、红鲱鱼谬误、中间立场谬误和虚假理由谬误。
- 还有一些是模棱两可的谬误,它们在前提和结论之间建立了一个薄弱的联系,如乞求问题谬误、滑坡谬误、错误类比谬误和诉诸武力谬误。

## 参考解答

1. 诉诸无知谬误。

2. 乞求问题谬误。

3. 虚假理由谬误中的后此故因此谬误。

4. 错误类比谬误。

5. 没有谬误。

# 第十二章

# 做出改变：我们如何成为理性思考者

> 最难的题目，如果最迟钝的人还没有形成任何概念，他也能明白；但最简单的事情，如果最聪明的人坚信他已经知道，而且毫无疑问地知道摆在他面前的是什么，他也不可能明白。
>
> ——列夫·托尔斯泰

在约翰·戈德雷·赛奇的《盲人摸象》这个故事中，有六个印度人第一次去"看"一头大象。由于他们都是盲人，当他们遇到这头巨大的野兽时，产生了一些有趣的结果。对于那些不熟悉这个故事的人，这里简单概述一下。

这六个人从六个方向靠近大象，因此触摸到了大象身体的不同部位。第一个人摸了摸大象的侧面，说它就像一堵墙；第二个人摸了摸大象的长牙，说它像一根矛；第三个人摸了摸大象的鼻子，说它像一条蛇；第四个人摸了摸大象的膝盖，说它像一棵树；第五个人摸了摸大象的耳朵，说它像一把扇子；第六个人摸了摸大象摆动的尾巴，说它像一根绳子。

对这六个盲人来说，大象是六种不同的东西。可以肯定的是，除了他们自己得出的结论，没有一个人能让其他人相信大象是其他东西。

现在，他们都没有说谎，而且都非常真诚，因为他们的观点都是基于自己的亲身经历。他们都了解真相，但只是一部分。他们都没有机会查看整头大象，因此都不了解全部真相。

列夫·托尔斯泰深信，头脑像白纸一样的人可以接受任何教育，但那些有自己经验的人却很难接受别人的不同观点。简而言之，我们偏向于我们已经知道的事实。克服这种偏见需要证据和合乎逻辑的说服，然而，即使有最好的论据，有些人还是喜欢坚持自己的偏见。

在讨论偏见之前，让我们回忆一下前几章有关逻辑的概念。

## ↘ 回顾关键概念

人类是理性的生物。我们用推理来理解周围的环境，我们通过推理学到的东西会被记忆下来。推理是本能、非正式的。逻辑是根据有效性原则进行的系统推理。所有人都会推理，但并不是所有人都能合乎逻辑地进行推理。逻辑使我们能够将推理结构化，形成由前提和结论组成的论证。论证是以逻辑方式传达观点的手段。其主要目的是说服他人相信自己的主张是正确的。

并非所有的论证都是有效的，即使是有效的论证，也并非都是合理的。有些论证并不能得出真理，它们是谬误。谬误是不合理的推理导致的论证缺陷。有些谬误是逻辑错误，因此是无意的。然而，有些谬误是缺乏诚意的论证者肆无忌惮地使用的手段，目的是赢得讨论，而不是寻求真理。

在现实世界中，我们的决策过程包括处理自己和他人之间的争论。我们权衡各种主张及其证据，以解决多层次的复杂论证。这个过程是艰难的，而且常常令人困惑。我们在做出决定时，常常会受到诱惑，依靠过去的经验和已有的知识走捷径。正是在走捷径的过程中，我们的偏见占据了上风，导致我们经常做出错误的决定。

## ↘ 认识我们的偏见

理性思考需要始终如一地遵守逻辑原则，无论我们是有意为之还是出于本能。有时，我们会因为受到偏见的影响而无法运用这些原则。这里将讨论其中的几种。

### 确认偏见

确认偏差是我们每个人可能都会犯的最常见的偏见之一。我们倾向于偏爱那些能够证实我们已有观点的想法，以及我们已经接受为真理的信息。它指的是"在获取和使用证据时不知不觉的选择性"，是"不知不觉地塑造事实以符合"自己的信念。哲学家和心理学家发现，人们更容易接受与他们已经相信为真的东西更接近的主张，而不是那些他们希望是假的命题。

现实世界中的确认偏差存在于政策合理化（政治）、医学、司法推理和科学等领域。确认偏差之所以存在，是因为人们愿意相信，因为他们的参照系已经形成，而且人们有避免错误的实用主义愿望。

### 第一印象偏见

这种类型的偏见指的是"人类信息处理的一种局限性，即人们会受到他们接触到的第一条信息的强烈影响，并在评估后续信息时偏向于最初影响的方向"。研究表明，第一印象是围绕社会认知中的某些构件形成的，如性格特征、可信度和能力、面部表情、简单行为（如判断一个人可能懒惰或迟钝），或其目标、价值观和信仰。

在现实生活中，第一印象偏见往往体现在人员招聘或录用过程中。雇主往往会问一些能证实他们对应聘者第一印象的问题，并据此对待应聘者。避免第一印象偏见的方法是，在最初几次会面后暂缓判断，等到获得所有相关信息后再下结论。

### 邓宁–克鲁格偏见

1999年，贾斯廷·克鲁格（Justin Kruger）和大卫·邓宁（David Dunning）观察到，在社会和智力领域，人们普遍对自己的能力评价过高。他们认为，出现这种高估的部分原因是，那些在这些领域缺乏技能的人往往背负着双重负担。首先，他们会得出错误的结论，做出错误的选择。其次，他们没有意识到自己在这样做，因为他们的无能阻碍了他们的元认知能力，使他们无法意识到这一点。元认知是对自己的思维和学习的认识，是对自己的高阶思维能力的认识。

大多数人在元认知方面存在缺陷，他们对自己错误信念的正确性表现出偏见。例如，学生会对自己在考试或课堂活动中的表现进行评估。当他们得到不及格的分数时，他们会认为这是不公平的，并认为自己应该得到更高的分数。为了避免邓宁–克鲁格偏见，可以通过提高个人技能和认识到自己在特定领域的局限性来提高个人的元认知能力。

### 基本归因错误

这种偏见是一种社会错误，即在试图解释事件或行为的原因时，高估了行为者的个性，同时又低估了情境因素。根据贝里的研究，我们每天往往会犯很多次基本归因错误。一个典型的例子是，一名员工上班迟到了，被她的经理训斥了一顿，而这位经理在随后的会议上也迟到了，并为自己的迟到找借口。最近，美国经常发生官员在其管辖范围内训斥和制裁不遵守当地命令的人，而他们自己却被发现违反了他们对选民执行的命令。

基本归因错误通常是由于某人使用有限的信息做出判断而造成的错误。有几种方法可以避免基本归因错误：列出你开始反感的人的五个优点；通过与他人讨论他们的生活，更好地了解他们，从而练习换位思考；拓宽视野，在对事件中的行为人做出判断之前，更仔细地审视事件；在评估行为和事件时培养自我意识和客观性。

### 衰落偏见

衰落偏见倾向于把过去看得过于积极，而把现在或未来看得极为消极。这种偏见通常适用于一个人对国家、社会、机构或任何类似的大环境的看法。与新闻等正面信息相比，人类更倾向于关注负面信息，这种消极性塑造了一些人的世界观。衰落偏见是一种消极性偏见，许多人都认为他们的社会正在衰落。

衰落偏见的一部分是将过去浪漫化的倾向。在20世纪五六十年代长大的男女可能会觉得，男女的传统角色（男人工作，女人持家和养育孩子）反映了一个美好的时代，因为那时的生活更简单。如今的情况很可能恰恰相反，选择全职在家的女性受到蔑视，因为她们现在被期望兼顾事业和家庭。

避免衰落偏见的第一步是意识到我们对过去的情感依恋。从这种意识出发，我们应该更加关注当前环境中的积极因素。甚至可以列出一份清单，说明现在的社会如何比过去更好。当某些事情在今天变得更糟时，要时刻提醒自己，今天的困难只是挑战，而不是世界末日即将来临的征兆。

### 诊断偏见

诊断偏见也被称为诊断怀疑偏见或提供者偏见，当一个人的感知、偏见或主观判断影响到他的诊断时，就会出现诊断偏差。顾名思义，这是医疗或保健专业人员的偏见。这些专业人员通过检查症状或诊断测试结果来诊断疾病或伤害。例如，接触某些化学制剂或传染病的知识可能会影响医生的诊断。她可能会在该群体中安排检查或寻找特定症状，而通常情况下她不会对非接触群体这样做。

诊断偏见是一个专门的类别，其原因可追溯到更普遍的偏见类型，包括锚定偏见、可用性偏见、确认偏见、框架偏见和过早闭合偏见。以下是构成诊断偏见根源的各类偏见的描述和纠正策略。

### 锚定偏见

锚定偏见是指诊断被推翻后仍坚持诊断。医务人员会坚持按照最初的诊断继续治疗，而不是采取更适合真正疾病的治疗方法。纠正策略是检查病人的反应，或寻求新的信息来完善最初的诊断。

### 可用性偏见

可用性偏见是指专业人士在判断和决策时，只考虑容易想起和记得的信息，而不考虑客观的事实和数据。医生做出的诊断与之前出现相同症状的病人的诊断相似。一个更机敏的专业人员会知道所诊断病症的统计可能性和基线流行率。

### 确认偏见

在具体应用于诊断偏见时，确认偏见指的是偏向于支持已经怀疑的诊断或策略的结果。例如，尿液检测结果可能表明另一种疾病，却被认为证实了患者对肾脏感染的自我诊断。相反的策略是，参考客观来源（如诊断清单）来评估诊断与技术指标的匹配程度。

**框架偏见**

框架偏见是指收集或组合支持特定诊断的要素。例如，假设最近来自英国的患者的冠状病毒症状是由传染性更强的英国变异病毒引起的。纠正策略是，收集不同的观点，将患者的病史扩展到近期事件之外，或验证临床方法，而不仅仅是假设。

**过早闭合偏见**

过早闭合偏见包括在得出诊断结论后没有寻求更多信息。疾病或伤害可能会有后续发展，例如，在第一次骨折后又发生第二次骨折。纠正策略包括对病例进行复查，并征求其他领域专家的意见（如请专家研究患者骨折情况的医学影像备份）。此外，查阅客观资料也有帮助——在本病例中，骨科评论提到了常见的并发骨折。

## ↘ 如何理性思考，避免偏见

1. 养成调查研究的习惯。寻找能否定你最初立场的证据。

2. 在咨询他人之前，自己思考问题并形成初步意见。这样做是为了防止被他人的想法所束缚。

3. 打破常规思维，不拘泥于现状。但是，在摒弃当前的制度或情况之前，要评估现状中的一些因素会如何帮助或损害你的目标。避免夸大改变现状的代价。

4. 与立场和你相反的人接触。尽可能多地征求不同想法或意见的人的意见，而不是把重点放在立场相同的群体上。

5. 在与他人合作时，当他们的观点与你不同时，要避免辩解和争论。找到唱反调的人，倾听他们的意见。不要问引导性或对抗性的问题。

6. 面对他人提出的问题，不要仅仅接受最初的解释框架。试着从不同的角度看问题。尽量客观。

7. 重构问题后，重新定义问题并丢弃旧问题。利用重新定义的新问题，避免让自己陷入不必要的承诺或情感投入。避免做出公开承诺。

8. 如果问题持续存在或久拖不决，则应建立系统或定期审查程序，以便在需要减少损失或承认错误时"退出"。请记住，情况可能会随着时间的推移而发生变化，这可能会影响到你已经做出和将要做出的决定。

9. 为了避免对自己的最初决定过于自信，在开始时一定要考虑从最高到最低的各种可能值，以避免固定在一个选项上。想象一下在什么情况下，结果会低于你的最低估计值或高于你的最高估计值。

10. 尽可能记录你的决策过程，如收集日志、统计数据、已执行程序的记录、事实和细节，以避免记忆发生变化。这将有助于在将来审查时重建你的决策。

根据我们所学到的关于偏见的知识，为什么我们有做出正确决定的智慧，却容易做出糟糕或错误的决定呢？答案是：人类是复杂的生物。我们的心理是我们认知能力的总和，包括意识、记忆、思维、感知、判断和语言。它使我们能够识别、欣赏和想象，处理感觉和情绪，并通过行动和态度表现出来。人们会根据自己对不同经验、知识和信息的处理方式，以不同的方式思考、感受和行动。我们做出的决定是相对的，因此有些决定是错误的，而有些决定则是正确的。

## ↘ 行动步骤

在本章，我们介绍了几种常见的偏见。以下情况至少涉及一种类型的偏见，你能说出哪一个？（不要提前查看本章末尾的参考答案，请尽最大的努力思考并回答。）

1. 帕梅拉来到教室时，老师正在分发考试问卷。她发现自己没有考试所需的黄色垫纸，便小声问同桌安德鲁是否有多余的纸张。老师发现了她的窃窃私语，立即以考试作弊为由将帕梅拉和安德鲁送进了校长办公室。

2. 弗朗西斯是家里第三个生病的孩子。他的姐姐们刚刚得了流感，当他发烧时，医生认为是传染病。然而一周后，他的病情恶化了。他被送到医院进行检查。直到这时，医生才发现弗朗西斯患上了登革热，并立即下令为他输血浆。

3. 文森特热爱教学。拿到资格证书后，他回到了自己长大的小镇，申请到自己曾经就读的那所中学教书。当他发现学生们吵闹、不守纪律时，他大吃一惊。他们不再立正向老师问好，对校领导也不屑一顾。文森特想，在我们那个年代，情况要好得多。

4. 艾尔莎和其他一些同样符合晋升条件的员工一起竞争晋升的机会。艾尔莎确信自己会得到这个职位，但最终，约翰因其精明的领导能力而获得了晋升。艾尔莎觉得自己被背叛了，于是散布谣言说公司对女性有偏见，因此提拔了一名男性。

5. 在塞西尔上大学的第一天，有两个同学立刻表现出了想进一步了解她的兴趣。汤姆是个运动健将，衣着得体，而比尔看起来很沉闷，有点书呆子气。塞西尔很快就喜欢上了汤姆，而不是比尔，因为"他看起来很有成功的潜质"。毕业十年后，汤姆在比尔市值数十亿美元的电子公司做销售员。

## ↘ 分析与思考

托尔斯泰敏锐地发现，头脑简单的人比知识渊博的人更容易教育。偏见是探求真理的障碍，因为即使我们发现了真理，偏见也会阻止我们接受真理。因此，我们必须警惕自己和他人的偏见。与印度的六个盲人不同，我们必须勤奋地收集和评估所有相关信息，并在做出决定之前充分权衡我们的选择。

## ↘ 关键要点

- 确认偏见是最常见的偏见，它会引导我们接受与自己对真相的认知一致的信息。
- 第一印象偏见使信息处理局限于第一次接触时形成的观点。
- 邓宁–克鲁格偏见指的是人们在一次事件或遭遇中对自己的有利评价。
- 基本归因错误高估了行为者的特质，而低估了情境因素。
- 衰落偏见对过去持肯定态度，并认为社会的未来将走向衰退。
- 保持谨慎和警惕，避免偏见，逻辑思考。

---

**参考答案**

1. 基本归因错误。

2. 诊断偏见/确认偏见。

3. 衰落偏见。

4. 邓宁–克鲁格偏见。

5. 第一印象偏见。

# 后　记

我们生活在一个混乱的世界，不仅信息超载，而且观点超载。我们在人前和网络上遇到的人总是急于让我们相信他们所相信的和他们"知道"的真理。我们常常被他们的论点所左右。"他听起来如此可信！""她的言论太有说服力了！"直到下一个可信且令人信服的与其相反的论点出现。

本篇试图坦率而简洁地揭开逻辑推理和正确思维的秘密。希望它能帮助我们在学校辩论中获胜，在工作中提出最佳论据，并改善我们与朋友和家人的关系。但首先，本篇的目的是帮助我们在面对每天都会遇到的普通问题时，做出尽可能好的决定。

在本篇中，我们强调了在面对逻辑证明及其所支持的命题时，我们大脑的内部运作情况。为什么这个是对的，那个是错的？为什么最初看似可疑的东西在经过仔细研究后会变得可以接受？

由于人类是复杂的生物，我们的大脑有时会匆忙做出判断，并在这一过程中犯错误。我们会因为偏见、情绪、误解和错误的推测而做出错误的决定。我们往往会犯一些逻辑错误，而如果我们意识到这些错误，我们是可以避免的。

认识到我们容易犯逻辑错误，是朝着正确推理迈出的第一步。第二步是熟悉培养逻辑能力所需的工具。本篇让我们了解了这些工具。首先是经典的逻辑定律：同一律、排中律、不矛盾律和充足理由律。其次是逻辑推理的要素，即主张、推理和论证，后者由前提和结论组成。我们熟悉了论证的类型，包括有效论证和无效论证、合理论证和不合理论证、演绎论证和归纳论证。我们逐渐明白了为什么我们有时会争吵而不是寻求真理。

有了这些工具，我们学会了两种类型的谬误：形式逻辑谬误违反了论证结构的模式，使论证无效。非形式逻辑谬误是推理中的错误，使论证不成立。然后，我们仔细研究了干扰我们思维过程的六种常见偏见。最后，我们发现了避免这些逻辑谬误的方法，从而做出更好的决定。

现在，既然我们已经掌握了逻辑思维的基本要领，那么要想从这些知识中获益最多，我们就需要加以实践。阅读本篇很容易，但应用我们从中学到的知识就像学习骑自行车一样。由于地心引力的作用，我们又回到了熟悉的旧习惯，因此第一次笨拙的尝试会让我们磕磕碰碰。但就像骑自行车一样，一旦学会了，就永远不会忘记。从开始到结束，不可或缺的就是练习、练习、再练习。回忆理论，将其应用到实际情况中，并从中总结经验和教训，下一次遇到同样的情况时，再应用它们。这就是学习如何理性思考，做出合乎逻辑的决定的秘诀。

第三篇

# 批判性思维的习惯

**改变你的思想并磨炼你的思维的强大套路**

# 前 言

真理一旦被发现，就很容易理解。关键是要发现它们。

——伽利略·伽利雷

　　有多少次，你觉得必须在职业成功和个人成功之间做出选择？生活是一种无法获胜的妥协，让你觉得自己尽管尽了最大努力，却还是差强人意。

　　你想把工作做好，把事情做得完美，在时间和金钱上高效地工作。你可能有责任以身作则，为他人树立榜样，保持他们的积极性，在不丢三落四或造成过多压力的情况下取得好成绩。你不想咄咄逼人或贪婪，只想做最好的自己。一路走来，你可能进行了艰苦的训练，仔细考虑了各种选择。

　　通常会有这样一种情况：要想在工作中成为你需要成为的人，就意味着要牺牲你在家里想成为的人。错失的机会可能时常困扰着你，在不顺心的日子里，摆脱老鼠赛跑的想法也会嘲弄你。有些人似乎是靠运气或继承遗产而拥有一切，但体面的辛勤工作的公平回报在哪里？

　　你可以用你的大脑赢回平衡。你已经拥有了技能，但这些技能需要得到认可，然后加以练习，就像生活中的任何事情一样。你可以在工作中取得成功，而不必为了事业不断牺牲家庭和社交生活。这比你想象的要容易得多，而且是免费的。你只需要找出那些对你没有帮助的旧的下意识行为，并用更聪明、更先进的行为取而代之。

把实践这些技能的过程想象成手机或电脑的升级，这种升级能帮助设备更流畅地运行。如果你还在使用原来的操作系统，你的设备确实会运行得非常慢。这并不意味着你必须换一部新手机。你只需承认需要升级，然后预留一小段时间进行操作，这样就能节省大量时间。

本篇就是你的大脑升级指南。通过学习这些批判性思维习惯，你将改善应对挑战的方法，在工作和生活方面做出更合理的选择，并拓宽你的视野，从而更有效、更独立地解决未来的问题。

那么，我对学习了解多少呢？我为什么要写本篇？我是一名科学家，也是一名教师，我仍然乐于接受学习的挑战。我见过哪些方法有效，哪些方法无效，也有很多机会犯错并再次尝试不同的方法。如果你听说过"如果你需要做什么，就去问一个大忙人"这句话，那就是我的生活。我就是那个不断扩大待办事项清单的"大忙人"。忙碌的工作和生活让我没有时间沉沦。

30岁之后，我得到了晋升，在一所新学校负责管理一个大型中学科学团队，在工作的第一个任期内协调各方将实验设备和教学材料搬到新大楼，自己搬了家，结了婚，并参加了人生第一次马拉松比赛。实践批判性思维的这七个月我不但身处工作、家庭和婚姻中，还参加了几次马拉松比赛，我认为这七个月是成功的。这很疯狂，但它教会了我如何更有效地使用自己拥有的技能，并给了我学习许多新技能的机会。在如此短的时间内，我获得了比想象中更多的乐趣和成就。

我的学术背景和对学习的热爱使我进入了教学领域，至今我仍然广泛阅读有关如何让人们更好地学习的最新研究成果和成功故事。对我来说，教育和教学的目的不仅仅是收获纸上的成绩，而是去发现和学习如何有效地使用自己的头脑。

要在生活中取得成功，你需要不断学习新的知识、技能和方法。要有效地学习，就必须具备批判性思维能力。我喜欢科学，因为它是研究我们周围物理世界的直接方法，但每一门学科都需要一种调查方法去做更深入的挖掘和发现。

这就是本篇的意义所在。去识别那些你可能已经知道的思维技能，让它们更加明确，并将它们转化为在未来许多年里对你有益的习惯。

准备好更新你的大脑，刷新你的习惯性思维了吗？让我们开始吧。

克莱尔·约翰逊

# 第十三章

# 如何像思想家一样思考

## ↘ 你的假期是真正的实验

---

科学方法只是人类思维的正常运作。

——托马斯·亨利·赫胥黎

---

你以为你在学校里做的科学实验只是为了取得好成绩、给奇怪的仪器画上整齐的图表和绘制曲线图吗？再想一想！你可以利用课堂上学到的技能来发现新的选择和机会。你所需要做的只是稍加复习。

作为一名科学教师，我的职责是让学生学习科学知识，并运用科学方法帮助他们解决问题。从根本上说，要成为一名优秀的科学家，你需要将批判性思维作为默认设置。不过，这并不意味着要像火神一样行事！

你可以以完全符合逻辑的方式对待生活，也可以与自己的情感保持联系。同理心对于成为真正的批判性思考者至关重要。批判性思维并不是选择遵从头脑却不遵从内心，而是要同时考虑两者，得出最佳结论。科学家素有情感细腻如茶匙的美誉，但这只是一种刻板印象。而刻板印象代表了批判性思维的反面。

那么，我们的科学方法是什么呢？简而言之，科学家首先会观察到一些不寻常的现象，如青霉素霉菌能阻止细菌在其周围生长。然后，他们会提出一个问题进行研究，如"我是否可以重复这种方法来阻止不同类型的细菌在霉菌附近生长"或"如果我使用更多的霉菌，是否会杀死更多的细菌"。他们会制订一个计划，通过做实验和收集数据来测试这一点，然后利用这些数据得出结论并回答他们最初的问题。实际上，在科学中，就像在生活中一样，在找到一个问题的答案后，就打开了通往其他许多问题的大门，从而可以寻求更多的答案。

这种方法不仅适用于科学，你可能已经在不自觉的情况下使用过它。

### 观察和提问

让我们想想你的下一个假期。不管你有没有为此存钱，当你开始计划时，你的主要目标是做好计划。你可能会从"观察"你和你的家人需要什么开始。每个人都累了，需要放松吗？他们需要来一次大冒险，看看新奇的事物吗？你们是否都厌倦了现在的天气，想去一个不一样的地方？从根本上说，你为什么需要这个假期？你想满足什么需求？

确定假期的目的意味着你必须诚实地询问自己，也需要征求和你一起旅行的人的意见。如果你想要一个成功的假期，可能需要在目标上做出一些妥协。如果你已经决定了自己想去的地方，然后再去说服别人你是对的，那么这样做很少能满足每个人的需求。

在你确定了目标后，可以请朋友推荐或在网上搜索一些合适的景点。你可能会问天气情况、交通情况、门票价格、住宿费用、娱乐设施情况等。最好以开放的心态做批判性思考和假期规划。

**测试和总结**

选择目的地就像选择要做的实验。你不知道它是否符合你的标准，你是在通过度假来测试和收集信息。假期就是你的调查，它到底能不能达到最初的目的。

假期结束后，你可以得出结论。你是更放松了，更有活力了，还是晒得更黑了？

我们都会自动这样做。我们会决定这是否是一个“好”假期，我们是否会考虑再次去那里。我们会向朋友推荐，或者告诉他们不要去。

有时假期“实验”会如我们所愿，有时却事与愿违！在我12岁左右的时候，父母决定带我去西班牙度假。我们以前在10月去过那里，那里有很多值得看和做的事情，而且还有迷人的海滩！这似乎是个明智的计划。西班牙的夏天非常炎热。我们是英国人，不喜欢那么热的天气。下午，我们需要午睡，只有在傍晚到深夜，我们才能在当地游览。我记得凌晨1点还在游乐场！我的父母说，他们在度假时睡得比我们待在家里还少，结论是，对我们一家来说，西班牙不是夏季度假的最佳选择。

现在，我仍然利用这些信息来计划假期。我了解到，我不喜欢待在炎热的地方。扎实地了解自己有助于批判性思维过程。这就好比多知道了一些规则，可以用来做出未来的决定。

如果你能计划假期，你就能进行批判性思维。这些技能都已经具备。你所需要做的，就是让它们成为你新的自动行为。

## ↘ 为什么“看上去正确的”却是错误的道路

你上次徒步旅行是什么时候？如果那是一条热门路线，那么通往山顶的道路一定很多。然而，问题是：在到达起点之前，你是否做过任何调查？当你决定采取任何行动时，你是否首先考虑过自己的能力和实现目标的手段？例如，在徒步旅行之前，仔细观察一下现有的道路、它们通向哪里以及你需要什么样的装备，这将决定是一次美好的经历还是一次痛苦的经历。

如果你只有一双登山鞋，而且不知道如何使用绳子，你就不会选择一条意味着你必须攀岩登顶的道路。你不会因为一条路的起点是最近的停车场，或者它在地图上看起来是最短的，就选择这条路，而不去了解更多的证据，也不考虑其他的路线。这条路可能是最陡峭、最危险的。凭直觉选择一条路可能非常危险！

我们默认的思维方式往往就像走那条短小但未经研究的路。我们会选择一个一眼看上去最容易的选项。如果我们不再多加思考，不提出任何问题，不寻求任何证据，我们最终就会走上一条随意选择的道路，这可能是非常危险的。

为了进行批判性思考，我们需要改变我们的自动行为，转而采用科学方法，思考所需的目的、问题、计划、实验和结论。要有效地做到这一点，我们就必须以开放的心态开始。我们不能通过事先决定结论是什么来计划实验。实验的目的在于找出答案，并准备好迎接惊喜。

这是批判性思维的第一要诀：不要在开始思考之前就决定结论。在形成论点和做出决定之前，你需要思考，而不是寻找证据来证明你已经认定的真理。

写下来，这听起来很明显，却是大多数人面临的最大障碍。这是因为我们大多数人都喜欢自己是正确的，喜欢看起来很聪明。以开放的心态思考和做决定，意味着我们迄今为止的操作方式有可能不是最好的。也许别人有更好的主意。也许我们一直走在错误的道路上，因为我们做出了一个默认的决定，而我们在半路上发现这并不是最好的选择。在明知前路茫茫、潜在危险的情况下，是不顾一切继续前行，还是花时间尝试另一条路？

后者意味着我们必须接受自己没有做出最佳选择的事实。这甚至可能意味着，在我们制订新计划时，会有朋友说"我早就告诉过你！"。这意味着我们要足够谦虚，真诚地考虑他人的意见。批判性思维要求我们进行这种"慢思考"，使我们不会匆忙下结论，也不会骄傲得不敢退缩。

批判性思考者是真理的探求者。他们在得出结论之前会收集证据。他们乐于接受新的观点，勇于承认自己的错误，而不针对个人。同意别人有更好的想法不应该是可耻的，但现代社会常常让我们觉得失败了。然而，仅仅相信某件事情是正确的，并不意味着它就是最好的决定。俗话说，真理会让人自由，所以，即使真理并非来自你，也要接受它。

## ↘ 提高技能来改变你的思维

思考是人类的天性，但善于思考却不是人类的天性。我们很容易被误导和分散注意力。

要成为一名真理探索者，就意味着要重新调整自己的思维方式。这需要正确的心态、特定的性格特征、对倾向性和局限性的认识，以及大量的练习，以增强批判性思考者的特质。这并不像听起来那么困难，我们生来就具备这些技能。我们只是生活在一个忙碌的世界里，走捷径成了我们的习惯，我们停止了正确的思考。只要稍加调整，我们就能形成一种全新的、经过改进的自动行为模式。

学习不只是思考，就像知识不只是理解一样。我可以让学生背诵定义来获得考试分数，但这只能测试他们的记忆力，而不能测试他们的科学理解力。在我们的世界里，大多数事实都可以在几秒钟内查到，但我们仍然会被骗，以为知道很多知识的人就真正理解了某个主题。

知识的确起着至关重要的作用，扎实的基础知识是理解的基础。会读会写并不能使你成为诗人，但是，如果不首先掌握这些知识，你就不可能成为诗人。

我们的大脑无法在短时记忆中保存大量信息，并利用这些信息来解决复杂问题。我们的认知负荷决定了我们解决问题的能力。如果你想提高自己解决某一特定领域问题的能力，就必须确保自己掌握所需的知识。

就像科学家已经完成研究并准备开始实验一样，要培养批判性思维能力，就需要培养自己的科学技能。如果你掌握了这些技能，那么批判性思维就会成为你长期记忆中的默认模式，用于所有决策。在此之前，就像记忆新的电话号码或例行公事一样，你需要练习。

你需要掌握以下技能：识别、分析、解释、评价、说明和自我反思。你可能已经在日常工作或思考中运用了这些技能。诀窍在于将它们持续应用到你的工作和生活中。

### 识别

识别听起来容易，但往往是最难做好的技能。想想你想要解决的问题。我们大多数人都有远大的理想，然而，我们要么对未来任务的艰巨性感到恐慌而无所作为，要么就列出一个庞大的待办事项清单，并在努力取得进展的过程中变得越来越焦虑。这就是大多数新年愿望失败的原因。

最常见的新年愿望是让自己变得更健康，许多人将其细分为"多做运动"和"减肥"。这些听起来不错，但很糟糕！在这些愿望中，没有明确实际的根本问题和可实现的解决方案。它们过于宽泛。大多数人在第一次决定吃蛋糕或不想跑步时就会放弃。

再想想上山的路。最重要的是要从正确的道路开始。确定正确的停车地点和出发地点，这个微小的决定就是其他一切的关键。

如果你的愿望是减肥，那么最好的办法就是找出生活中对减肥有帮助的一个小方面。也许，你发现自己需要在家吃早餐，而不是在上班前喝杯咖啡吃点不太健康的零食。也许，你会像我一样，决定不吃巧克力的最好办法就是停止购买巧克力。一个小小的、可控的改变就能产生巨大的影响。仅仅这一点，就意味着你更有可能取得成功，然后能够找出你的下一个问题。

识别是关键。明确你的问题，你就会找到正确的道路。从这里开始，一切都会变得容易起来。但首先需要从小而具体的问题出发。

你的下一项技能是分析。

## 分析

分析就是你的逻辑能力的用武之地。这就是要在不带任何成见、不带任何情绪、不带任何偏见、不带任何借口的情况下看待数据或所使用的语言。想一想科学家，他们必须注意到结果中的所有趋势或模式，包括他们没有预料到的。或者，律师如何分析提供给他们的信息并总结他们的发现，即使这意味着承认他们的客户所做的事情，而他们宁愿不知道这些事情。

如果你想减肥，就需要分析你的饮食习惯。你必须诚实地说出自己吃了什么、吃了多少、什么时候吃的。你需要注意自己在外出、压力大或与朋友在一起时是否吃得更多。批判性思考者将所有这些都视为冷冰冰的硬数据。分析意味着看到整体情况和模式，即使是那些我们不喜欢看到的。

因此，很多人认为自己擅长分析生活，其实不然。他们只分析自己能看到的部分。如果你是一名科学家，你只能在整个实验结束后才能分析数据。你需要所有的数据才能绘制出好的图表。

**解释**

在分析了事情的来龙去脉之后，你就可以开始形成结论了。这通常被称为推论。记住，这是在收集数据之后，而不是之前！

还记得你上一次查看自己的财务状况吗？你有没有写下（或使用应用程序记录）你在何时何地花了多少钱？也许你的数据告诉你，你晚上在网上花了很多钱。或者，所有外卖咖啡的小杯数在你的食物账单中占了很大比例。如果是这样的话，你可能会得出这样的结论：当你疲倦时（深夜、清晨），不集中精力消费时，你更容易超支。这种花费是你精神状态影响的结果。

结论往往要求你选择未来的自己。这可能意味着决定做一些新的事情或停止现有的习惯。这就是为什么遵循方法很重要；错误的结论可能会导致你未来采取错误的行动。

然而，生活通常并不像给出非黑即白的结论那么简单。你和朋友可以看到同样的数据，却得出不同的结论。这并不一定意味着你们中的任何一个人是错的，也不一定意味着你们中的任何一个人是对的！要进行批判性思考，你需要睁大眼睛去看待可能出现的其他解释。

例如，我的丈夫经常望着窗外感叹："外面下着倾盆大雨，我一会儿要去跑步。"而我看着窗外同样的天气，却把它归为"毛毛细雨"，这并不能成为我不出去跑步的理由。我们可以看到同样的证据，却得出截然不同的结论。我们都不能说我们的"真理"是唯一可能的真理。我们只是得出了不同的结论。

**评价**

作为一个批判性思考者，每当你得出一个结论，特别是一个需要改变你的行为的结论时，你需要问自己一个问题：你所发现的是事实吗？你需要尽可能确保它是准确的，没有偏见的。这就是评价。

这项技能意味着你经常要扮演魔鬼代言人的角色。你相信这些数据吗？这些数据能否得出不同的结论？是否有遗漏或你知道但没有揭示的东西？回想一下消费的例子。你是否用现金支付了一些咖啡的费用，这样它们就不会出现在信用卡账单上？或者你是办公室咖啡的负责人，而这些咖啡中有很多并不是为你准备的？

任何人都可以通过分析数据得出结论，连陌生人看了你的银行账单都能得出结论。有些结论可能是真的，有些可能不是。只有你才能对这些结论进行评价，因为只有你才能了解全部情况。

评价之后，你可以选择接受还是拒绝这个结论。如果因为结论有缺陷而拒绝接受，你通常会回到起点，确保收集到更好的信息，以便下一次得出更准确的结论。

**说明**

如果你应用了上面的技能，有时会得出似乎并不明显的结论。

在马拉松训练中，我想提高成绩。我想，如果我跑得更频繁、距离更长，就能达到这个目的。我这么做了，也起作用了，但只是在一定程度上起了作用。我无法将完成半程马拉松的时间缩短到2小时以下。我达到过2小时10秒、2小时4秒，但我从未真正跑到2小时以内。这太令人沮丧了！于是我在网上查看了各种各样的相关训练计划，并决定把训练重点放在每周进行的山地短跑和5千米公园跑上。这个决定起作用了，但它也只减少了大约5分钟的时间。我的结论确实改变了我的行动，但没有改变结果。

然后，我意识到我只专注于分析跑步的数据。分析跑步数据，这听起来很有道理，但是它使我的分析过程有了一个盲点——饮食。我一直很健康，所以忽略了把饮食作为潜在的数据。我不认为饮食会影响我的成绩，但我错了。

我确信还有别的原因，于是我听取了一些医学建议，发现自己有乳糖不耐症。所以我戒掉了乳制品，从那时起，我参加的每一场比赛都取得了新的个人最好成绩。我先生经常在终点线错过我，因为我经常比自己预计的时间提前10分钟到达终点！

别人问我做了什么突然改变了比赛时间。我不得不解释说，我并没有做什么不同的事情，只是戒掉了乳制品，而这对大多数人都没用。这个解释引发了很多问题，所以我必须学会向那些认为我的结论听起来像时尚或笑话的人解释我的结论。可这不是他们所希望的跑步技巧！

长时间的高强度运动会让我们的身体处于压力之下，使肠道更加敏感。这意味着即使是轻微的食物过敏也会在高强度训练或比赛中成为一个问题。

清楚地说明你的行为，特别是那些看起来不太明显的决定，是另一种批判性思维能力。这就像在写一本书的梗概。你需要在听众停止谈话之前把你的推理和结论传达过去。说明太简单，你只会招来更多的问题，而长篇大论式的说明，人们会听不进去。

### 自我反思

批判性思维工具包中的最后一项技能——自我反思，与决策过程无关，这是一个更私人的问题。

科学家选择研究特定的学科有许多不同的原因。这可能是一个非常有趣的话题，他们的目标可能是发现新的东西或增加他们的职业选择。我并没有因为这些非常合理的原因而选择化学。我根据要求写作的数量最少这个条件选择了我的A级考试科目，然后选择了学位课程。

当我在撰写一本书时，没有忘记其中充满的讽刺意味。现在的我热爱写作，但在我20岁出头的时候，每次都选择研究数字而不是去研究文字。除了要写一些奇奇怪怪的论文，一切都进行得很顺利：做实验主要面对的是各种数据，对有机化学的研究则涉及大量绘图工作。直到我做了教师培训工作。做这份工作，我必须写很多文章，尤其是写自我反思的文章。我想做的是教孩子们科学，为什么要写这些文章？

当时看不出来效果，其实写这些文章对我很有用。写自我反思的文章需要意识到自己的意图和动机。这是一项很少能被教授的技能，当然它不是用于获取化学学位，但掌握它，会让你在生活的任何领域从停滞不前变为取得进步。

善于自我反思意味着，要经常问自己一个问题："为什么？"

你为什么想要某些东西？为什么会有这种感觉？为什么会有特定的目标？为什么会认为如果某事发生了，你的生活会更好？

要做到这一点，你需要了解自己，并能正视自己。在你的职业生涯中，你可能已经对自己完成了一个360度的分析，或者找出了你的迈尔斯-布里格斯性格类型。这些都是很好的开始，但是你需要理解如何将它们应用到你的工作和生活中。

在日常生活中练习自我反思的一个好方法就是，想象自己在玩模拟人生这样的现实游戏。你正在为你所控制的角色进行自我反思。你可以做得很好，因为你知道这些虚构像素生物的确切特征分类和需求。你可以看看他们是不是性格外向，需要更多的社交，或者他们是否精力不足，需要更多的放松，还是他们很贪玩，需要更多玩耍时间。你还可以了解他们需要做些什么才能进入事业和人际关系的下一个阶段。你知道他们的需求，并对他们有全面的了解，指导他们在任何特定的时间做最适合的事情。

如果你能这么容易地"检查"自己的需求和动机会怎么样？选择下一

件正确的事情会简单多少？这种程度的自我反思让我们能够有效地养成适合我们生活的最佳习惯。

## ↘ 批判性思维的特征

批判性思维能力是一个工具包，有助于构建和指导决策过程。它们是需要你去应用和练习的。

批判性思维的特征是你要具备的，也是可以通过练习养成的。如果没有这些特征，应用批判性思维能力就会让人感觉有些勉强。

批判性思维专家理查德·保罗（Richard Paul）和琳达·埃尔德（Linda Elder）认为，批判性思维的目标是成为"成功的思考者"，具体做法是通过练习批判性思维的技巧和发展某些特征，直到批判性思维成为你的自动行为。两者缺一不可。

遗憾的是，我们最大的障碍来自自己和身处的社会。但是当你得到认可时，就能很容易地克服这些障碍！正如马特·黑格（Matt Haig）所说的那样，忽视火灾是无法扑灭火灾的。

那么，你身处的社会是什么样的？它是如何塑造你的思维方式的？花一分钟想想那些你认为"正常"的事情，它们看起来像什么。如果你有"正常的工作""正常的家庭""正常的房子"，那会是什么样子？具有讽刺意味的是，我们中的大多数人既想成为普通人，又想在人群中脱颖而出。我们想要做一个正常的人，既能融入社会，又能感觉自己是独一无二的。

这是自然的，我们是社会性动物，而社会的发展是通过为群体设定期望和规则来取得成功的。有些规则仍然有效，有些则不然。然而，为了变得足够正常而被接受，我们往往会像绵羊一样服从环境，甚至自己都没有意识到这一点。

如下就是批判性思维的特征。

## 敢于质疑

一位朋友最近在社交媒体上更新了她的位置和婚姻状况，比举行婚礼的时间晚了大约两年半。有人表示祝贺，这是可以理解的，因为我们很多人在社交媒体上的熟人并不了解我们的个人生活。然后，又有人祝她结婚周年快乐，因为他们知道她已经结婚了，并认为她是在结婚周年纪念日更新的。突然间，她收到了大量祝福她结婚周年快乐的信息。其中一些甚至来自参加过她婚礼的人！

我们在网上看到别人的留言就会复制，不想成为那个没有注意到重要日期的人。我们并不总是先核实，甚至在我们应该从亲身经历中了解更多的时候也是如此！越多的人说某件事情是真的，我们就越不可能去质疑它。

我们怀疑自己比怀疑大众舆论更容易。

顺从并不总是坏事；但是，如果不假思索地顺从，就会养成坏习惯，形成强烈的成见。批判性思考者对自己的思想和信念拥有自主权。他们敢于这样做，即使这样做有悖于社会的"常规"。

如果发明者羞于启齿，那么许多令人惊叹的新想法就不可能流行起来。试想一下印刷术，它在不分阶级地向所有人传播教育方面是一个巨大的飞跃。然而，它却遭到了强烈的反对，康拉德·格斯纳曾写信给当局要求禁止印刷，因为他担心这会导致"混乱而有害的书籍泛滥"。新事物或与众不同的事物往往令人恐惧。

勇于质疑常态是一种健康的怀疑精神。这并不意味着你是一个消极的人。这意味着你想确定别人提供给你的信息是否正确。要想做到这一点，只需针对特定主题问自己："我确定这是真的吗？"非常简单！

需要提醒的是，健康的怀疑态度可能会被他人视为不信任。这可能意味着要求证据，而不是盲目接受声明，即使是来自你信任的人的声明。如果你不相信，可以要求查看相关文章并提出一些令人尴尬的问题。问自己（和他人）一个好问题："这是事实，还是假装事实的观点？"

任何社交媒体平台都是质疑这个问题的好地方。你相信你看到的帖子代表了不带偏见的事实吗？

## 有好奇心

从怀疑论迈出的一小步就是好奇心和探究性思维。一旦你不再自动接受社会提供给你的信息，就意味着你可以对自己的世界更加好奇。它给了你精神上的自由，让你可以更经常地问："如果……会怎样？"

伽利略就是一个很好的例子。他（正确地）违背了当时的流行观点，认为地球围绕太阳运行，而不是相反。当其他天文学家正在设计越来越复杂的模型来解释行星在夜空中的运动时，伽利略却用他的新"望远镜"来支持他的另一种观点。他不再假设当前的理论是正确的，这让他能够在其他人拼命试图让他们的数据符合现有结论的时候保持探究精神。当时的当权者拒绝透过他的望远镜看问题，他们甚至不愿考虑证据。伽利略的发现并不受欢迎，但他是正确的。

## 思想开放

思想开放是惰性思维的对立面，也是我们社会期望的另一个牺牲品。

刻板印象是人类更快决定信任谁的方式，但是它们是批判性思考者的敌人，也是惰性思维的缩影。刻板印象会阻止我们去思考，这也是它们如此危险的原因。

要做到思想开放，就必须意识到自己所持有的刻板印象。每个人都有刻板印象，这是我们成长的社会造成的后果。所以要质疑自己，问问自己为什么会认为某人会以某种特定的方式行事。如果你发现自己很难做到这一点，那就观察你最亲近的人，如你的家人和关系密切的人。你有可能在某种程度上持有相同的刻板印象。刻板印象会让人上当受骗。确保了解自己的刻板印象，然后通过提问和诚实回答来挑战它们。

### 客观行事

在努力消除个人偏见之后，你可以使用批判性思维工具包中的技能来客观地看待问题。这意味着看到的是现实，而不是海市蜃楼。即使在购物时，客观也是一种富有成效的思维状态。哪些是你需要的，哪些是冲动购买的？你买哪些东西是基于别人对你的期望？从这些微小的决定中剔除情感因素，看看对你的选择有什么影响。

### 保持公正

批判性思维的另一个障碍来自我们的自我意识。掌握保持公正的技能是成为"自我服务型"批判性思考者和"公正型"批判性思维者的区别所在。光看名称，我相信你就知道自己更愿意成为哪一个。

自我服务型批判性思维者具有高度的理性，能够很好地运用批判性思维，但这样做是为了自己的利益。他们故意使用论据来迷惑和操纵他人。你会比他们做得更好，因为自我服务型批判性思考者的缺点在于他们的思维总是带有偏见。因此，这根本不是批判性思维，只是一种假象。

### 保持谦虚

要知道的事情太多了，很难具体列出你还没有学会什么，以及你可能永远也学不会什么。有时，我们更容易假装自己对某个主题了如指掌。这时，谦虚就能帮上忙。谦虚意味着不要以为自己最了解，也不要以为正确的解决方案就是对自己有利的方案。

一个奇怪的事实是，一个人在某项工作中的能力越强，就越容易低估自己，低估自己的能力。关于"冒名顶替综合征"的研究越来越多，在这种综合征中，"成绩优异的人将自己的成就归因于运气和偶然因素，而不是个人的技能和优点"。这也不是谦虚的意思。你可以承认自己的长处，但你需要知道自己的短处。这是一种平衡。

## 宽容待人

当你能够接受不同的观点和看法，并且不把它们当作对自我的打击时，你就知道自己已经接近掌握批判性思维的特征了。在发现真理的过程中发现自己错了，这对批判性思考者来说是令人兴奋的。它拓宽了视野，增加了机会。

## 具有灵活性

最后，在这个世界上，谈论灵活性通常意味着讨论瑜伽课程或承认"屈服于"他人的要求，而这一有用的特性却常常被低估。老子的一句（相当）著名的话对此进行了总结：

"人之生也柔弱，其死也坚强。草木之生也柔脆，其死也枯槁。故坚强者死之徒，柔弱者生之徒。"（引自《道德经·第七十六章》，译文如下：人活着的时候身体是柔软的，死了以后身体就变得僵硬。草木生长时是柔软脆弱的，死了以后就变得干硬枯槁。所以坚强的东西属于死亡的一类，柔弱的东西属于生长的一类。）

灵活并不意味着你不能坚定自己的信念。这意味着，当生活发生变化时，你可以重新调整而不是打破常规。

无论你怎么想，生活都会发生变化。有时是你的选择，但更多时候不是。你必须适应。现在对你有益的信念和习惯需要重新审视和更新。如果你准备好去看看，你可能会惊讶于它们所带来的机遇。

## ↘ 行动步骤

知道该做些什么，那要该怎么做呢？这里有一些益智游戏可以帮助你。

1. 买一本益智图书或一个应用程序。例如，俄罗斯方块或数独游戏，玩这类游戏需要用到你的分析能力和解释能力，而不是你的知识储备或观察能力。

2. 挑战你的刻板印象。当你在街上与某人擦肩而过时，问问自己："他们是做什么工作的？""他们住在哪里？"如果你持有偏见，答案很可能会突然出现在你的脑海中。记下这一点，这样就知道将来需要在哪个方面检查自己。

3. 在网上或报纸上找一篇你感兴趣的文章，然后试着在其他地方找到相同的报道。这些报道有区别吗？你能找到原始数据吗？这将提高你对可以信任的有效来源的认识，同时也会扩大你的阅读范围。

4. 考虑一下你今天的着装。问问自己为什么选择那些衣服？你想给别人什么样的印象？这是开始了解你的动机的好方法。

5. 选择一个附近的物品。想想它是如何出现在那里的？它是由什么制成的？它是从哪里来的？它的制作涉及了谁？是由谁设计的？为什么要设计它？这让你养成了提问和探索选择的习惯。

6. 当你去购物或玩游戏时，试着记下总花费或分数，而不是写下来。它不仅会提高你的记忆力，还会提高你的计算能力，这样你就可以更快地分析信息，更快地发现潜在的错误。

7. 想象你正在向一个6岁的孩子解释复杂的问题和解决方案，看看你在不改变问题和解决方案的意义的情况下能把它们变得多简单。如果你学着既准确又简洁地去做解释，将会提高你的解释技巧。

8. 在计划外出旅行时，尝试使用批判性思维过程。确定目标→提出问题以形成计划→分析你的选择。这个过程将有助于你完成这一旅行计划，并给你许多自我反思的机会。

一旦你确定你想和朋友共度美好时光，就不太可能沉迷于看电视，你会计划实现这个目标的活动。一旦你承认之前选错登山道路的经历，就会选择一条对你来说更安全的道路。一旦你发现了自己的偏见，就能欣赏更多不同的观点，形成更平衡的判断。

批判性思维能力将帮助你重新掌控自己的时间和人生道路。你可以开始培养想要的习惯，抛弃那些拖后腿的习惯。

这是修改科学方法的一个很好的理由。

## ↘ 关键要点

- 像科学家一样思考：你做决定的过程就像在做实验，需要经过观察、预测、计划、行动、总结、评估等环节。

- 思考你在做什么，改进你的技能工具箱：识别、分析、解释、评价、说明和自我反思。

- 想想你是如何做到的：确保社会期望或你的自我不会控制你的决定。

- 继续回到几个核心问题上：我怎么知道这是真的？为什么会这样？这对所有参与者公平吗？

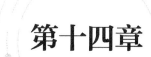

# 第十四章

# 习惯是什么

习惯是我们反复做的事情。因此，卓越不是一种行为，而是一种习惯。

——亚里士多德

你是否曾经站在冰箱或橱柜旁，一边漫不经心地吃着东西，一边在大脑中飞快地处理着一天的待办事项？你打开门，把食物拿出来，但也许有时感觉就像你的潜意识在做这件事，而你自己从来没有真正选择去拿什么。我们很容易迷失在自己的头脑和想法中，以至于连最基本的决定都在梦游中度过。为什么会这样？我们又该如何将自己拉回现实？要想重新掌控自己的生活，我们需要把缰绳交还给我们充满疑问的大脑，以防止我们吃下整袋爆米花，甚至更多。

习惯是我们自动做出的动作和行为，从最简单的日常事务到我们长期以来学会的身体和心理活动。由于习惯对我们来说有好有坏，因此我们需要了解习惯是如何形成和遗忘的，以便在生活中积极利用它们。

## ↘ 你是你的习惯本身

当我们的自动行为不是我们想要的时候，我们就会养成坏习惯。我们经常遵循默认行为，而不是停下来思考某个特定的选择，其中一个重要原因与压力有关。

你可能已经知道，压力会损害大脑处理工作记忆的前额叶皮层。这就是为什么你可能连比萨配料都很难决定，尽管这通常是一个风险很低的决定。你不再具备推理能力。

如果思维中的这些"小插曲"仅限于食物，那么唯一受影响的可能就是你的腰围了。然而，在我们生活的方方面面，从工作到人际关系，我们都有可能按潜意识自动运行或在任何阶段决定停止。这就是为什么人们热衷于谈论"事后诸葛亮"，却没有意识到，在大多数情况下，如果停下来并跳出默认决策的轨道好好思考，就能更好地解决问题。大多数人都害怕问自己想要什么以及为什么想要。这通常是因为他们可能会得到一个让他们感到不舒服的答案，或者要求他们采取行动，从而增加了已经无法完成的待办事项清单。

这就是著名的快慢思维模式。在快速思维模式下，我们的默认行为是对各种情况做出自动、快速的反应。这些反应可能是好的，也可能是坏的，但这正是我们的"坏习惯"扎根的地方。我们也可以进入慢速思维模式，但这涉及到，你已经猜到了，放慢脚步，从逻辑上思考问题。问题就在这里。我们不善于放慢脚步，所以我们往往不善于正确思考我们正在匆匆忙忙做的事情，甚至不知道我们为什么要这么做。

所以，下次当你无意中眷恋你最爱的零食袋时，试着放慢脚步。试着想想你为什么要吃它，你应该做什么来代替吃它，以及最终你如何才能避免出现同样的问题。就我而言，解决方法包括把爆米花藏在架子的最顶层。

只要开始问正确的问题，你就能发现更多关于你是谁，你的动力是什么，以及你想要的生活状态。你可以通过生活中的小选择来改变自己的习惯，并逐渐养成大选择的习惯。你的习惯决定了你未来的机遇。

值得庆幸的是，改变习惯不是靠运气，也不是靠毅力。你可以利用经过充分研究的框架，合理地引入新习惯或根除坏习惯。那么，你想改变什么呢？

## ↘ 分析你的自动行为

想想你经常做的事情。也许是你早上做的准备工作，也许是你离开家的方式。你很可能按照特定的顺序完成某些步骤。出门时，检查手机和钥匙是否带齐。喝完饮料后，把杯子放在水龙头下清洗。运动后，把健身器材放进洗衣机。又或者，你在起床前会按掉闹钟，上班途中会在同一家店买早餐和咖啡。你会有很多已经"到位"的模式，只要你去寻找，就很容易发现它们。

如果你想在生活的任何领域养成新习惯，无论是身体上的还是心理上的，你都可以按照一种模式来识别和了解它们。这种模式是一种提示、一种常规、一种奖励，它被称为"习惯循环"。例如，你每天早早起床（提示），吃早餐（常规），然后以充满活力的身体（奖励）迎接新的一天。因此，你知道精力充沛的感觉与每天早上起床和吃早餐有关。你更有可能保持这个习惯，因为你会得到积极的回应。

我们经常对其他人甚至动物使用这种习惯循环。你见过有人训练狗坐下吗？狗听到命令（提示），坐下（常规），然后得到食物（奖励）。最后，即使没有食物，狗也会按照命令坐下，因为有时它可能会得到食物。命令让狗想坐下，因为狗会将坐下与奖励联系起来。断断续续获得的奖励甚至比一直存在的奖励更能强化行为。这就是赌博让人上瘾的原因：你不知道下一局是否会赢。可能获胜的不确定性但真实的承诺让你不断尝试。奖励必须是你想要的，但不必每次都有。因此，如果有一天你早早起床，吃过早餐，为一天做好充分准备，但仍然过得很糟糕，那么这并不意味着你放弃了这个习惯。你知道这个习惯通常会让你有更好的一天，所以你会一直坚持下去。

顾名思义，习惯不是一次性行为。这就是为什么习惯被命名为"习惯循环"，因为正反馈会推动习惯不断循环。除非改变循环，否则习惯就会像坏掉的唱片一样不断重复，无论好坏。这就是你的批判性思维能力可以提供帮助的地方。

想想习惯循环中的步骤，它们都可以被分解成问题，帮助你识别脑中的想法，解除自动行为状态。

### 提示

你为什么这样做？观察你的生活，寻找行动前的趋势和模式。可能是一种感觉、一天中的某个时间、某一个动作，甚至一种特殊的气味引发了你的反应。这可能需要一些时间，却是提高自我意识的绝佳方法。把找出这些线索视为一项有趣的挑战。

### 常规

你都做了些什么？这一点比较简单，因为它通常是你的一个身体动作。这就是你归类为"好"或"坏"习惯的东西。

**奖励**

为什么要重复？习惯的循环和重复是有原因的。你所确定的习惯的原因是什么？是什么奖励让你愿意重复做同样的事情？可能是物质奖励（糖分或肾上腺素激增），也可能是情感奖励（你感到放松或快乐）。这就是习惯循环的强大部分。如果没有真正好的奖励，你可能无法坚持这个习惯。

如果你了解了习惯循环，你就能把习惯改造成你想要的样子。

## ↘ 习惯转换的黄金法则

当觉得有点无聊时，你就会有一个常规套路，每个人都这样。如果你想社交，你可以看看手机。如果你觉得有点儿饿，你可能会找点零食吃。这两件事本身都不是坏事，但如果常规套路成了你感到无聊时的自动行为，你最终可能会无休止地浏览，或在不知不觉中吃不必要的零食。

最简单的办法就是问问自己："我在做什么？为什么要这么做？"你感到无聊时的自动行为是什么？为什么你的生活习惯是这样的？你可能会得出结论，你的生活习惯很好（当你感到无聊时，你会看书或跑步），所以你想保持这个习惯。你可能会得出结论，你的生活习惯并不好（无聊时，你会花几小时浏览社交媒体，吃完一块巧克力）。

黄金法则可以用来改变你的习惯。你只需改变习惯循环中的一个环节。既然你不能决定再也不会感到无聊（提示），那么你就需要把重要的部分（常规）改成仍然能满足需求的部分（奖励）。一旦你确定了自己的习惯循环，这就非常容易了，因此自我反思是一项重要的批判性思维能力。你可以向自己提问，找出为什么要做某件事情，然后决定这是不是你想保留或摒弃的习惯，最后，给自己提出一个新的问题进行调查检验。例如，"如果我改做某事，我还会有收获吗？"要改变你的习惯需要不断实践。经过几次尝试后，你会发现一个适合你的习惯循环，并得出结论：这是你最好的新习惯。你可能会很幸运，经过第一次尝试就选择了最佳的习惯循环。

就像基因拼接一样，你的目标是剪掉你不想要的那部分"习惯代码"，用你想要的东西取而代之。习惯转换的过程如图 14-1 所示。

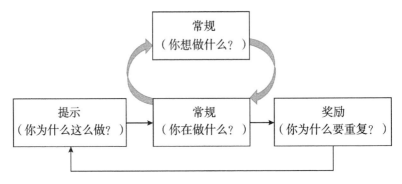

图14-1　习惯转换的过程

以下是一些常见的习惯转换例子：

1. 你感觉体力不支（提示），你没有吃巧克力（旧常规），而是选择吃水果（新常规）。两者都能满足对糖分的渴望（奖励），但新常规更健康。

2. 你开始工作（提示），与其立即花几小时整理电子邮件（旧常规），不如列一张当天需要完成的待办事项清单（新常规）。这两种方法都能满足你对有条不紊的感觉的需求（奖励），但新方法意味着你开始一天的工作是有策略的，而不是被动的。

3. 吃完晚饭，你想放松一下（提示），你没有坐下来直接看电视（旧常规），而是一边听有声读物、音乐或你喜欢的播客，一边收拾东西（新常规）。这两种方法都能满足娱乐需求（奖励），但新方法意味着你已经完成了整理工作，可以保持放松。

4. 你得到了报酬（提示），你没有去买新衣服（旧常规），而是把钱存起来买你通常不会买的心仪物品上（新常规）。这两种做法都意味着你的收入将用于犒劳自己，而不仅仅是账单（奖励），但新方法意味着你会把钱存起来买更想要的东西。

5. 你的厕纸用完了（提示），你没有直接告诉你的伴侣（旧常规），而是立即把它列在购物清单上（新常规）。这两种做法都会让你觉得自己采取了行动，但后者更有可能不被伴侣抱怨。

6. 周日午餐后（提示），你没有和朋友去喝酒（旧常规），而是和朋友去散步（新常规）。两者都能满足你的社交需求（奖励），但后者更健康，也更省钱。

## ↘ 习惯堆积

有时，你会想引入一个新习惯，但这个新习惯不能替代旧习惯。这就是所谓的"习惯堆积"或"习惯连锁"。

如果牙医建议你使用牙线清洁牙齿，你不会用牙线代替牙刷。你会每次刷牙后都用牙线清理牙缝，把使用牙线附加到现有习惯中。这比试图建立一个与刷牙分开的使用牙线的新习惯要容易得多。同样，当你把新习惯与好习惯结合起来时，这也是很容易的。只需要有意识地选用慢速思维模式来做好这件事。

如果你想引入一个新习惯，你需要让它容易坚持。好习惯是容易养成的。你可能认为，好习惯需要专注和巨大的意志力。回想一下习惯是什么。它是你的自动行为，因此不需要花费太多的思考时间和精力。它能解放你的大脑，让你思考其他事情。因此，想想何时以及如何让新习惯最容易地适应你现有的生活习惯，你的改变就会成功。

你可以在一天中的任何时间完成大多数常规事件，如冥想、写日记、阅读、锻炼等，所有这些都能融入你的生活。我总是发现写日记是一件很困难的事情，因为我可以在一天中的任何时候写日记，这意味着我在很长时间内都没有固定用于写日记的时间，因此它经常被遗忘。我现在在女儿睡觉后马上去写，我把它附加到了每天都会完成的固定提示上，所以它现在成了我日常生活的一部分，只需付出很小的努力就可以养成这个习惯。这就是习惯堆积的目的：在同一个时间段内完成多个目标。

要做到这一点，最快的方法是列出一个表格，如表14-1所示。

表 14-1　习惯堆积

| 旧常规 | 新常规（将新习惯与现有习惯结合起来） |
| --- | --- |
| | |

你可以列出每日清单，也可以列出每周清单。如果你想引入一个新习惯，可以在表格的左侧列出你一天中所有固定的常规活动，如煮咖啡、刷牙、洗澡等。尽量按照你通常做这些事情的顺序列出。然后，在右侧列出你想在一天中增加的常规活动。想象一下，你会把每个新习惯"钉"在现有习惯上，形成一个新的、更长的习惯链。

如果你想在一周中的某些日子引入新习惯，而不是每天，那么就列出每周常规活动清单。你可能只在工作日、特定的运动课后或购物时才标注新的常规活动。列出有规律的、可预测的但不是每天的活动。然后列出你想加入的新常规活动，并将它们一一"钉"在现有的每周常规活动上。

## ↘ 小而有力量的变化

你现在知道了你的习惯循环，并计划要么改善你的习惯，要么在现有的好习惯上堆积一个新的习惯。也许你也想把一些现有的好习惯升级成更好的习惯。在这一点上，可能很容易"想得更远"，例如，将你的新计划定为每天早餐前跑10千米。除非你已经有了每天早上跑步的习惯，否则这不太可能是一个有效目标。记住，能够坚持下来的习惯是那些容易实现的习惯。

伏尔泰有一句名言："完美是优秀的敌人。"这并不意味着你应该降低你的最终目标，但是每天都做一些事情比偶尔完美地做一些事情要好。如果你想养成每天早上跑10千米的习惯，最好从坚持每天早上跑2千米开始，而不是一个月只出去跑一次10千米，然后在其他日子什么都不做。

马拉松训练计划并不包括每次跑步时都跑一次马拉松。要从小处着手，逐渐提高跑步速度和增加跑步距离，在每次练习中获益。

发明家和科学家对这种方法都很熟悉。如果你想开发一个新产品，很少能在第一次就得到完美的结果。你需要修改，测试，再修改，再测试。你会一点儿一点儿地完善这个产品。这就是人们研制一切产品的通用方式，从研制药品到研制吸尘器。

例如，WD40是一个成功的产品，它的配方经过了40次实验。同样，詹姆斯·戴森（James Dyson）也曾制造过5126台失败的真空吸尘器原型，然后才有了全球成功的真空吸尘器，为他带来了数百万美元的收入。每一次实验都要考虑哪一个小改动可以改善实验结果。如果实验成功了，研发人员就再做一个小改动。

改善习惯也是如此。如果你想最终取得辉煌的成就，就应该努力做出许多微小的改进，而这些改进仅仅是好的方面。有一些基本的关键习惯需要考虑（稍后会有更多相关内容），但你的大部分收获将来自小的调整，而这些小的调整又会带来大的改变。这是一种滚雪球效应，让更大的目标感觉更近，也变得更近。

多年来，体育界一直在研究这一理论。英国自行车教练戴夫·布雷斯福德（Dave Brailsford）将其称为"边际收益理论"。他将其应用于各种领域，从改进洗手方法到确定允许他的自行车队成员在身体的哪些部位打蜡。他们取得了更好的成绩，获得了许多金牌，边际收益都叠加起来了。他鼓励他们去寻找那1%的变化，而现在，当新装备出现时，技术可以让他们获得更显著的收益。

配备碳纤维脚板的新型训练器可将马拉松运动员的成绩提高2%，埃鲁德·基普乔格（Eliud Kipchonge）甚至使用了由空气动力学专家罗比·凯切尔（Robby Ketchell）设计的V形领跑者队形，试图跑进2小时以内。因此，不妨跳出固有的思维模式，在生活中寻找这些微小的改进之处。

一个好的开始是考虑如何节省我们的时间，不仅是短期的，也包括长期的。有多少次，你说你觉得没有足够的时间去做你想做或需要做的事情？但我们每天的时间都是一样的，这是无法改变的。我们只能控制如何使用它们。因此，节省几分钟的边际收益是为其他项目"腾出时间"的一种方法，或者只是偶尔放松一下而不感到内疚。

"腾出时间"的边际收益包括：

1.制订日常的购物和饮食计划，这样你就可以少去几次超市。

2.养成定期清扫的习惯，这样家务就不会堆积起来，所花费的时间加起来也不会很长。

3.制订日常计划，最大限度地利用每次外出旅行的机会，减少花在旅行上的时间。

4.定时检查电子邮件和社交媒体账号信息，可以减少长时间盯着手机屏幕的时间。

5.对各种物品设置固定的存放地点，这样可以减少收纳和寻找的时间。

边际收益的另一个简单应用领域是省钱。你可以通过各种应用程序和简单的比较网站在财务上获得边际收益。如果你每次购物都货比三家，买最便宜的，节省的钱会持续增加。英国有句传统谚语，"小财注意，大财自来"。这句话很好地概括了1%收益的概念。你可以批判性地思考你真正想把钱用在什么地方，并在现有条件下做到这一点。

在商界，这种策略被称为改善原则，这是一种来自日本的管理方法，其字面意思是"持续改进"。通过一系列合理的改进边际收益的方法，企业的生产率和效益可以得到显著提高。该方法的主体内容是节约时间和金钱，而减少浪费现象直接影响这两者，所以看起来纯粹以商业为中心的项目也要有环保意义。

通过优化你的生活，你也会对身边的人产生积极的影响。想一想，如果你有更多的空闲时间，你的人际关系将如何受益？你可以有时间尝试哪些新的冒险？你可以突然接受哪些机会？

## ↘ 你的生活建立的基础

你的关键习惯为你生活的其他部分奠定了基础。就像故事和歌曲中所说的，"智者把房子建在岩石上"，我们可以把整个人生建立在岩石或沙子上。这些微小的选择可能会带来巨大的后果。因此，找到你生活的基础是快速进步的关键。

## 睡眠伪君子

有孩子的人都知道作息时间的重要性。证据表明，睡前习惯有助于儿童睡眠、改善其行为，甚至有利于亲子关系和语言发展。许多家长认同这一建议，并因此坚持固定的作息时间。即使最小的孩子也会养成习惯并受其影响。父母们知道这一点，并采取行动来改善孩子们的习惯。那么，成年人的生活习惯呢？

我们更善于发现他人的好习惯和坏习惯，而不是自己的习惯。我们知道，睡前不看屏幕、做一些放松的事情和固定的"熄灯"时间是有益的。我们知道，充足的睡眠意味着我们的思维更清晰，时间利用更有效。

尽管如此，世界卫生组织还是发现了一种睡眠不足的"流行病"，它始于西方世界，现在在亚洲和非洲也很普遍。我们中的许多人都是睡眠伪君子。当别人问你"你好吗"时，你的默认回答是不是"累"？在许多文化中，这被认为是正常的。

也许你认为不这样说可能代表你不够努力，这是一个全球性的普遍问题。

你心中可能有许多目标和改善生活的指标，睡眠不太可能是其中之一，我们忽略了它。然而，如果你想养成良好的习惯，成为一个有成就的批判性思考者，那么建议你从调整睡眠开始。你最重要的习惯之一，也是你获得成功的基础，就是睡眠。

花点时间考虑一下你的睡眠时间。如果你有一个可穿戴的智能设备，甚至可以监测到你清醒的时间、睡眠时间和睡眠质量等数据。你应该争取每晚至少睡7小时，每天都要如此。你的作息时间每天都不应该有太大的变化，虽然这在轮班的工作中无法实现，但对于大多数职业睡眠时间都是可以自己控制的。对你的分析要诚实。这是一个足够好的基础吗？是否能让你在接下来的一天精力充沛？

现在思考一下你希望的作息时间是什么样的,不希望的作息时间又是什么样的。从你打算睡觉的时间开始往回推算,并制定一些规则。例如,你需要什么时候完成工作?什么能让你更放松,更有助于睡眠?阅读、瑜伽、冥想、写日记或听音乐都可能有助于放松和睡眠。你可能已经有了一个好主意,或者可能还需要尝试。

你可以用同样的方法来分析你一天的开始。如果你有睡过头的坏习惯(关键),早上早起可以成为一个新的关键习惯(常规),它可以对你生活的其他方面产生积极的影响。例如,每天吃早餐而不是跳过它(常规),按时到达工作地点(常规),一天中完成更多的工作(奖励)。为就寝时间或起床时间建立一个新的习惯,也会让之前的坏习惯更容易改变。

### 校准你早上的日程

一旦分析完自己的睡眠,就可以检查其他基本习惯了。记住,关键习惯是一些小的选择,但它们对你一天的剩余时间会产生不成比例的影响。

回想一下你儿时的玩具。大多数人都会有小时候玩乐高玩具的记忆,长大后也可能如此。乐高是培养多种技能的绝佳工具,有时你必须按照指示来实现特定的最终目标。如果你没有准确地按照早期说明中的一个步骤去做,那么整个搭建可能就无法完成。你可能不得不拆开来重新开始。有些步骤比其他步骤更容易解决。每套乐高都有一些关键步骤。

在我们的日常生活中,持续犯错的后果并不总是显而易见,但在乐高公司的产品中却很明显。乐高公司的产品现在比以往种类更多,其中包括搭建和编程机器人。一年一度的全球儿童机器人竞赛被称为“第一届乐高联盟”(First Lego League)。在比赛时,机器人的搭建必须从游戏垫的一个角落开始,玩家只能在那个角落控制它们,所以需要通过编程来控制机器人的方向。虽然机器人在开始运行时稍微偏离轨道，但随着它在垫子上行进得越来越远，那些细微的误差就会累积，最终使它无法到达目的地。参赛队伍很快认识到，一开始就对机器人进行校准是非常值得的。如果机器人启动正确，它可以去想去的地方。

我们乐于校准身边的设备以避免出错。你可能会定期校准家里所有钟表的时间，校准浴室或厨房电子秤的数值，而且大多数智能电子设备都可以自动校准它们的数值。留给你做的就是考虑如何调整你一天的安排。

校准是为了确保设备可以进行准确或真实的测量。你比一个简单的数字要复杂得多，但是如果你要把自己的目标作为真实的衡量标准，那么好的关键习惯会让你走上实现这些目标的正确道路。所以你需要通过设定正确的起点来校准你的一天。想想除了睡眠，你每天的成功还取决于什么？

### 关键习惯一：坚持早起

这意味着如果你的工作允许，工作日和休息日的时间应该差不多。人们的工作效率在早上达到顶峰，那些成功人士都有早起的惯例。"早起的鸟儿有虫吃"对大多数人来说是真理，而不仅仅是一句谚语。甚至青少年也是如此，他们上午的考试成绩一般比下午的高。选择一个时间段来做当天重要的事情，并且要保证足够的睡眠。

### 关键习惯二：吃健康的早餐

如果这还不是你早晨的例行程序，那就计划一下。你可以选择速食麦片、批量烹饪的食品、冷冻的低糖松饼等，甚至可以选择从头开始烹饪食品。有时早餐越简单越好，因为研究表明，快速谷类早餐会导致一天中多摄入30%~90%的微量营养素，并降低脂肪的摄入量。

**关键习惯三：保持摄入的水分充足**

如果你感觉饿了，先检查一下是否只是因为水分摄入不足。如果因为工作压力太大或工作太忙而忘记喝水，就很容易导致脱水。喝水是为身体补充水分的最佳方式，可以喝咖啡或喝茶，但是你身体的水分来源不应该仅限于此。更好的水化作用可以改善人的认知功能，如短期记忆、视觉意识和总体情绪。喝水是一件简单的事情，所以把它加入你的习惯清单吧！

**关键习惯四：冥想**

冥想可以有多种形式，如祈祷和瑜伽。经常练习冥想的好处是能够减轻压力、减少抑郁和焦虑情绪。不一定需要在冥想上花很长时间。我们都知道，人的压力越小意味着做出的决策越好。想想这对你的工作或家庭关系意味着什么，或者在你的演讲中发挥什么作用。冥想在当下确实要花一些时间，但通过它可以为将来节约大量时间。

**关键习惯五：锻炼**

不需要每天早上跑10千米来达到锻炼的效果，许多只有5~10分钟的健身小程序和日常运动就可以让你心跳加速、内啡肽增加。研究表明，晨练可以提高你的免疫功能和学习成绩，因为你的大脑会在更好的状态下去学习和处理信息。

**关键习惯六：当你采取行动时，问问自己"为什么"**

学会停下来思考，这是提高理性思维的第一步。未来的你会感谢现在的你做了什么或者没有做什么？放慢速度并问自己"为什么"是你将要养成的批判性思维习惯的基础。

## ↘ 行动步骤

在利用每日清单和每周清单检查自己的现有习惯，确定已知的常规后，你可以从亲友或家人那里获得第二种观点。有时，我们的坏习惯自己没有注意到，但在别人看来却非常明显。

你可以通过两种方式从他人那里获得意见，帮助你改正习惯。首先，他们可以成为你的询问者，帮助你提出那些你自己可能不想问的棘手问题。其次，他们可以成为你的问责伙伴，帮助你继续保持新习惯。

### 询问者

如果你不想和别人讨论，可以问自己这些问题，但是记住，你的回答可能会带有偏见。如果你把别人的意见看作收集信息，而不是受到批评，就会比仅靠自己来研究问题能取得更大的进步。

1. 如果你想改掉一个坏习惯，那么"提示"和"奖励"会带来什么样的情绪呢？想要戒烟的人可能知道提示是下班后出去走走，但为了确定合适的转换，你需要确定驱动这种选择的情绪。

2. 你首先要弄清楚你想改变习惯的原因是什么。即使是为了他人的利益，也需要找到对你来说有利的东西。你可能想多读书，这样孩子就会看到你更有文化，但多读书也会提高你的理解能力、拓宽你的知识面。"利己化"的目标对长期成就也很重要。

3. 如果你坚持一个新习惯，除了习惯循环中的即时奖励，你还能做什么来奖励自己？这基本上可以做成一个成人版的贴纸图表。记录习惯的方法有很多（见第十七章），但是你需要一个终极奖励来提升动力，尤其是当你放弃了喜欢的东西的时候。

4. 谁能支持你，他们如何支持你？你愿意和别人分享你的进步吗？（许多应用程序都允许你这样做。）如果愿意，和谁分享？确实很残酷，这意味着你不能隐瞒你的选择，你将不得不面对你的决定。这相当于一个脏话罐[1]。

5. 你可以用什么技术手段来提醒自己？可能是使用某个App，也可能是使用便利贴。新习惯需要一段时间来养成，即使它们计划得很好，也很容易做到。这些提醒会给你带来很多便利，让你腾出时间去做其他事情。

6. 当事情不按计划进行时，你会怎么做？每个人都会遇到不顺心的日子，预料并去面对意味着你可以提前做好计划。一般来说，要避免连续两天不顺心，既然"错过了这一天"，你就要努力在第二天优先计划一些事情。

7. 你觉得哪些事情可能会出错，而不想去尝试？记住：熟能生巧。宁可不完美地遵循你的新习惯，但每天都这样做，也不要只是偶尔完美地做或根本不做。

8. 把你想要改掉的习惯列一个清单，然后按顺序排列。对你来说，最重要的起点是什么？不要试图一次性做完所有事情。你可能需要一个顺序慢慢建立想要的新习惯，你也可以用这个清单来证明你的进步，慢慢来。如果需要更多时间培养一个新习惯，那你要考虑每天的日程安排，因为在一天中不可能为此腾出太多时间。对一件事说"是"就意味着对另一件事说"不"！确保你知道你最重要的日程安排是什么，并围绕它们制订习惯养成计划。

### 问责伙伴

如果你能得到一个值得信赖的伙伴来支持你，那么快速养成一个习惯的可能性就更大了。更好的方法是，跟伙伴分享你已经完成的每日或每周目标能起到额外的激励作用，它让你更想去完成目标。有这样一句非洲谚

---

1 当说脏话被抓到时，就要把特定数额的钱放进脏话罐里，以此来阻止人们说脏话。——译者注

语："要走得快，就一个人走；要走得远，就一起走。"习惯是一个长期目标，那些只能做几天的事情就不是一种习惯。你是在规划一个更好的未来。

那么，你如何让问责伙伴来为你服务呢？

1. 明智地选择合作伙伴。合作伙伴可能是你的朋友、同事或家人。他们不需要是你目标领域的专家，只需要关心你的进步，并把检查你的行为作为优先事项即可。孩子可以成为非常好的支持你的伙伴，因为你很可能想通过做你说过要做的事来给他们树立一个好榜样。如果需要，你还可以选择外包支持。例如，人们花钱去参加减肥课程，而不是让他们的伴侣或朋友来监督，这是有原因的。请私人教练就意味着他们会对你的身材进步情况负责。有很多公司可以帮助你走上正轨。

2. 具体说明你想保持的习惯，你与合作伙伴分享的途径，以及何时更新你的状况。

3. 决定如果你不做承诺要做的事情的后果。确保这个后果不是批判性的，而是用于鼓励你回到正轨。例如，要付出一些非常简单的东西，如给第三方（不是合作伙伴）一小笔钱。

4. 和你的合作伙伴一起列出一个可能的借口清单，并计划好对每个借口回应什么。如果你试图找借口，那么只会听到自己回应的内容。

一旦熟悉了使用习惯循环和习惯堆积来修正自己的行为，你就可以通过实践来实现个人和职业目标。你还可以开始将其应用到积极促进批判性思维发展的技能和活动中。好习惯不仅是改善身体健康的基础，让你不再吃掉整袋爆米花，也是掌握批判性思维技巧的关键。识别习惯循环的过程本身就可以成为一种习惯，因此，它也是一种你可以不费吹灰之力就能使用的工具。

## ↘ 关键要点

- 了解你的习惯循环，并在日常生活中加以识别：
  - □ 你为什么要这么做？（提示）
  - □ 你在做什么？（常规）
  - □ 为什么要重复？（奖励）
- 要改变习惯，你可以遵循以下策略：使用黄金法则——把旧常规换成新常规，保持提示和奖励不变——让新常规更容易被遵循。
- 将新习惯固定在现有习惯上，形成一个习惯堆积或习惯链——让提示变得更明显。
- 确保知道为什么改变会让自己直接受益，并把它推销给自己——让改变的理由更有吸引力。
- 确保奖励仍然符合你最初的愿望，如果你养成了新习惯，就给自己更大的奖励。
- 规划边际收益，获取递增回报。怎样才能提高1%的回报？这也会导致随着时间的推移更容易改变习惯。
- 确定你的关键习惯，以提高你一天中剩余时间的效率。这些通常涉及：
  - □ 睡眠。
  - □ 营养。
  - □ 补水。
  - □ 冥想。
  - □ 锻炼。
- 考虑找一个问责伙伴来协助完成你认为很难坚持的改变。可以是一个你很熟悉的人，一个支持小组，或者一个应用程序。

# 第十五章

# 把批判性思维变成一种习惯

把时间花在思考上是最节省时间的方法。

——诺曼·卡曾斯

补充下面这个句子："如果我有时间，我会……"也许你会装修房子，写书，学习乐器，参加社交活动，周末和孩子一起玩而不是去加班，去健身房。如果你每天多出一小时，你的愿望是什么？

这种最深切的愿望是，通过训练自主的批判性思维，使你在不使用时光机的情况下腾出时间。好习惯可以节省时间，减少不确定性和压力。因此，花点时间养成良好的批判性思维习惯，就能腾出时间去做你想做的事情。

你现在已经有了如何养成习惯的框架，以及提高你的批判性思维能力所需的技能和特征，学习完本篇，将把这两者结合起来。当把这些变成日常生活的一部分时，你会积极地改变自己的思考方式和与世界互动的方式。

　　培养批判性思维习惯并不仅仅意味着需要强化和训练你的大脑使其总是进行逻辑思维，还包括使用更多的工具和技术，以习惯的方式进行理性思考。养成这些习惯能让你不断地开拓思维，有效处理生活和工作中的各种问题。

　　为什么我们需要有意识地为这些做计划？这又回到了快速思维和慢速思维的问题上，回到了我们21世纪的自动行为上。坚持同样的思维模式通常更容易，就像每天早餐吃同样的东西或每次选择同样的咖啡一样。习惯新的日程安排并不困难，但需要付出一点儿努力来创造改变的空间。

　　大多数没有批判性思维能力的人倾向于选择坚持旧的日程安排，他们认为批判性思维需要更多精力来建立新习惯。它还需要自我反思和为自己的决定负责。掌握批判性思维能力需要实践，就像任何其他习惯一样，这意味着要有意识地认识到自己需要这种能力，然后知道如何去获得它。

## ↘ 把爱好变成习惯

　　你的目标是掌握批判性思维能力。就像出门前穿鞋是身体上的自动行为一样，第十三章中的批判性思维能力将成为你精神上的自动行为。那么，你应该在你的日常习惯循环中加入什么样的程序来发展这些技能并逐步掌握它们呢？

　　对于每一个你想变成习惯的爱好，你都可能处于不同的起点：你需要建立一个新的爱好；你需要把这个爱好嵌入你的习惯中；你需要用这个爱好去扩展习惯，以便从中获得更多。对于每一个习惯，先要考虑你的起点，以便能够有效地将其融入你的日常工作和生活中。

- 建立。这是针对你还没有做到的事情。记住，要从小事做起，将新的日常习惯固定在一个牢固的现有习惯上。你可能需要使用提醒器、应用程序、问责伙伴或视觉提示来建立它。

- 嵌入。这是针对你已经有的习惯，但你很难坚持下去。你需要考虑日常习惯在你一天或一周中的位置是否正确，并重新梳理习惯循环，确保你理解提示和奖励。你可能需要提醒自己为什么要这样做，或者找到更有力的奖励或更明显的提示。

- 扩展。这是针对已经形成的习惯，你希望在此基础上进一步发展。你已经建立的习惯循环对你来说已经很好了。你需要考虑你还想达到什么目标，以及如何才能达到最佳效果。你是否需要花费更多的时间、更多的金钱，或者改变习惯循环的实质内容？例如，你可能阅读了大量书籍，但希望挑战自己，阅读更广泛的书籍。请修改你的日常安排，以便做到这一点。第十六章将介绍更多不同的方法。

## 进行广泛阅读

养成阅读的习惯，就等于为自己建造了一个避风港，几乎可以避开生活中的所有苦难。

——萨默塞特·毛姆

### 为什么需要阅读

阅读不仅能让你获得充足的信息，还能激发你的好奇心，让你从多个角度看问题。它让你理解词语的不同含义和对观点的不同解释。阅读带你走进别人的世界，给你一个新的视角，让你有能力与那些你可能从未见过的人产生共鸣。阅读能激发你的好奇心，打开你的思路，让你了解你从未考虑过的地方，并向你展示如何在你可能从未经历过的各种情况下进行交流。

识字是提高认知能力的基础，有助于提高学习成绩。如果阅读量增加，你就能获得更多的知识，从而减轻认知负担，使你有能力分析新的问题。你会自然而然地扩大词汇量，认识更多的词语，思考文章的深层含义。这就是所谓的"马太效应"，源于《圣经》中的《马太福音》第25章第29节："凡有的，还要加给他，使他富足。凡没有的，连他所有的也要夺去。"

这句话适用于生活中的许多领域，但在获取知识方面尤其适用。教育工作者非常关注这一点，因为在学习成绩方面，社会经济差距仍然很大，这与父母的文化水平不同有关。无论你的背景如何，现在开始培养阅读习惯都为时不晚。阅读总是有益的。

### 如何阅读

关于如何阅读，这取决于你的起点和目标。你是否需要建立、嵌入或扩展这一习惯？你是否一直想读书，却总是无法实现？你是否不定期阅读，并希望将其作为一种习惯而非爱好？你是否已经读了很多书，但想扩大阅读范围？你是否经常阅读，但想更深入地分析文章？

1. 如果你很少看书，但想开始阅读，那就选择一个你想更多了解的主题，或者让志趣相投的朋友向你推荐一本书。你从小说作品还是非小说作品开始都是可以的。你可以购买新书或二手书，也可以向朋友借阅，或去图书馆阅读。阅读是一种非常廉价的习惯。如果你还不确定从哪本书开始，可以查看《纽约时报》畅销书排行榜或网上的热门书籍。

2. 如果你更喜欢小块的非小说类书籍，那么可以订阅报纸或杂志。大多数都有电子版和传统纸质版。社交媒体上的文章可能很吸引人，但要注意，其语言和内容往往更适合低龄阅读者。而且，大数据会根据你的爱好和点击情况推送文章，你可能只能接触到同类型的观点，想接触不同的观点可能有点难。

3. 如果你已经有很多阅读材料，但大部分都还没有读过，那就选一些阅读起来比较容易的。《白鲸记》（*Moby Dick*）可能不是最佳选择。

4. 加入一个读书俱乐部。如果你周围没有，可以选择加入线上读书俱乐部，或者和朋友、家人或同事建立一个。加入读书俱乐部对改善阅读习惯很有帮助：你被告知要读什么，什么时候阅读，并且有现成的合作伙伴，他们会知道你是否完成了阅读量。在读书俱乐部里，你可能会读到那些自己不会选择的阅读材料。

5. 把阅读材料放在你将要进行阅读的地方。例如，每天早上起床时在枕头上放一本书，或者上班前在沙发旁放一本书。如果你使用的是电子阅读设备，请确保你的日常工作包括为此设备充电。没有什么比电子阅读设备不断耗尽电量更能阻止养成好的阅读习惯的了。

6. 如果你时间不够，有声读物可能是一个很好的选择。人们的多任务处理很少能成功，但这是一个例外。如果你在做体力劳动的时候听有声读物，就会从中受益。你也可以在做家务或园艺、上下班路上或跑步时听。然而，为了能够保证倾听质量，你需要确保倾听的同时不阅读、不说话。你不能边读边听，或者边说边吸收听到的内容。虽然有声读物能让你听到书中的内容，但无法像你看书面形式那样很好地识别字词和句子，所以如果你的目标是提高对书面语言的应用能力，最好还是坚持使用视觉媒介。

**写下所感所想**

在你的生活中，每天都要写作，并潜心阅读，然后看看会发生什么。我的大多数朋友都有这样的习惯，他们的职业生涯都非常愉快。

——雷·布拉德伯里

**为什么需要写作**

写作与阅读相结合，可以帮助我们学会如何思考。许多专家还认为，写作就是思考，它能够帮助我们将我们所知道的与我们自以为知道的区分开来，并更清楚地看到和评估我们的想法。这是在交流的同时快速提高自我反思能力的好方法。你学会写作，然后通过写作来学习。你可以了解自己、自己的观点、自己的感受以及自己是如何做出决定的。当你把一些事情写成文字时，你就有机会坦诚相待，并跟踪自己随着时间的推移而发生的变化和态度。这些技能都能让你更容易意识到自己的习惯，在决定下一步的最佳行动时更有依据。

**如何写作**

评估一下你是否需要建立、嵌入或扩展这个阅读习惯。你的日常写作是否只包括电子邮件？你是否偶尔会在假期写日记，但写日记并不是你日常生活的一部分？你是否会定期写日记，并想让自己更善于分析？你想把日记写在纸上、平板上还是电脑上？

1. 如果你想写日记，但又被日记本上大量的空白页吓到了，那就买一本每日篇幅很小的日记本。选择预先印刷好日期的版面有助于整理日记，也意味着你可以在有限的空间里轻松地完成写日记的任务。你不需要等到1月1日，市面上有很多可定制日期的日记本，你可以随便选择起始日期。

2. 另一种可以快速养成日常写作习惯的活动是写特定目的的日记，如感恩日记、祈祷日记、健康日记或锻炼日记。这与你想要养成的另一个习惯是一致的——锻炼日记可以帮助你养成更好的锻炼习惯。可以购买或打印一些标签，为记录各种活动提供帮助或提示。

3. 通过描写更多的开放式主题来进一步练习写作。写写你自己，这不是一个以自我为中心的任务，而是一个自我反思的任务。这可能是为了你的利益，也可能是为了别人的利益。你可以写你的假期或者你是如何发展事业的，这样将来你自己就有故事可以读了。你可以把自己的童年记录下来，给你的孩子们讲这些故事。当我哥哥结婚的时候，他的妻子得到了一本关于他的小书，书名是《指导白痴的白痴指南》。必须说的是，他们两位都不是白痴，但是，写一本关于你自己或你身边的人"如何"的指南的想法可能会很有启发性，也是一种更幽默的写作方式。如果觉得内容太私人了，那就试着写一份关于你的宠物或爱好"如何"的指南。

4. 如果你想提高与观众交流的能力，那么可以为你阅读的杂志、平台或报纸写一些信件或文章。这些信件或文章会让你考虑措辞和表达方式，这样做的好处是，你可能会得到比简单地表达想法带来的满足感更明显的回报。

5. 如果已经有了一个牢固的自我反思的写作习惯，那么你可以把写作和研究结合起来，写一篇关于一个地方、一个主题或一个人的文章。这可能是一个你很熟悉或想要了解更多内容的方法。你可以为自己而写，也可以以出版为目标而写。你要为每天的写作设定一个切实可行的时间或字数限制。

**建立实现目标的系统**

你并没有突破目标层面，你只是败在了系统层面。目标层面是你想要的结果。系统层面是能让你达到目标的日常习惯的集合。

——詹姆斯·克利尔

**为什么要建立实现目标的系统**

跑马拉松是一个常见的"愿望清单"目标。你的朋友中几乎肯定有人跑过马拉松或说过要跑马拉松。有些人跑过，喜欢它，然后再跑一次。大多数人只跑过一次，得到了一件T恤衫，之后就满足于更理智的跑步。

马拉松受欢迎的原因之一是，它是一个清晰明确的目标。可以在愿望清单上打钩，告诉自己正在进行马拉松训练。这听起来不错。然而，选择跑马拉松并不是养成良好跑步习惯的最佳方式。你的注意力集中在目标上，可能满脑子都是完赛时间、如何在训练中保持无伤状态，以及别人对你的评价。当我们设定大目标时，同时也会让自己摔个大跟头。这可能会导致焦虑或心理障碍，而这并不是你在生活中努力取得进步时所需要的。

有目标没有错，但目标并不是成功养成习惯的关键。为此，你需要把重点放在系统上。系统是在后台进行的微观变化。如果你的目标是跑马拉松，你基本不会自动养成跑步习惯。如果你养成了跑步习惯，你就更有可能成功跑完马拉松。目标是良好系统存在的结果。

当你把注意力集中在一个系统上时，你每天都会为自己的成功做好准备，而不是把时间花在担心最后一项任务可能失败上。你每天跑步就是在取得成功，马拉松只是一个结果，而不是决定性的特征。这也意味着，如果某项赛事被取消，或者你生病或受伤了，你也不会觉得自己没有实现目标。新的目标是一个系统，它将引导你养成一个良好的习惯，并延续到比赛日之后。

### 如何建立实现目标的系统

首先要做的是：考虑你是否需要建立、嵌入或扩展这个习惯。你是一个非常"以目标为导向"的人，需要获得巨大胜利的快感吗？你认为练习和准备阶段和决赛一样重要吗？你是用日常事务还是一次性事件来定义你的成功？在做出重大决定之前，你会做多少调查？

1. 列出你当前的目标。需要什么系统来支撑这个目标？从这一点出发，你可以找出需要建立或嵌入哪些习惯来引导你实现目标，而不必将目标作为你的焦点。跟踪这些习惯，奖励自己对计划的坚持，这可以成为你新的"目标"和成就感的来源。

2. 考虑生活中的具体领域。你是否考虑过职业转型？你可能是凭直觉，但要批判性地对待这个问题，你需要把重点从新职业的目标转移到为新职业铺平道路的系统开发上。例如，你可以采用不同的思维过程，如研究（研究你想从事的新职业）、提问（询问从事与你想从事的职业相同的人员）和比较观点（协调与你交谈的不同人员的意见），而不是仅仅因为你想转行而转行。

### 仔细检查并质疑自己

最棘手的问题往往是我们暗中知道答案的问题。你在逃避什么？你在等待什么？

——桑希塔·巴鲁阿

#### 为什么要仔细检查并质疑自己

你是否曾希望自己可以尝试几种平行生活，看看哪种决定最适合自己？又或者，你可以让时光倒流，事后诸葛亮般地做出不同的决定？虽然在做出重大决定时，没有百分之百不会影响未来的方法，但你可以养成习惯，减少做出后悔选择的概率。

你不能只用提问来收集他人的证据。你可以养成的最强大的习惯之一就是质疑自己。不是以一种助长自我怀疑的方式，而是以一种积极的方式，让你确信自己在寻求最佳选择的过程中不遗余力。

对自己进行批判性思考：质疑论点、行动、事实和想法；检验或反驳你的论点和想法，直到你根据所掌握的知识得出最有力的论点。

### 如何仔细检查并质疑自己

你需要建立、嵌入或扩展你的提问习惯吗？在做关键决定时，你是否只问别人认为你应该怎么做，而不问自己应该怎么做？你是否曾经为了让生活更轻松而阻止自己去考虑另一种结果？你是否已经使用了提问，但还需要考虑所收集的"证据"的权重？

1. 问问别人的看法，也问问自己的看法。当你面临压力时，通常会让信任的人帮你做决定，然后你去收集证据来支持他们的决定。在这种情况下，一定要先问问自己的看法。

2. 有时要自私一点儿。虽然要重点考虑你的决定将如何影响他人，但你也需要考虑他人会如何影响你。如果你选择了让别人快乐而让自己痛苦的事情，你会后悔的，不管你多么爱那些人。你需要问自己想要做什么，并且为什么要这么做。

3. 当你要做一个重大决定时，可以使用德·博诺（De Bono）的思考帽的概念。这包括从六个不同的角度处理一个决定或问题。这是一个很好的方法，可以确保你在结束你的分析之前涵盖所有可能的角度。这六顶帽子是：

- 白色的"客观"帽子——纯粹寻找事实和数字，没有偏见或情绪。
- 红色的"情绪"帽子——只有情绪。
- 黑色的"谨慎"帽子——识别潜在的危险或弱点。
- 黄色的"乐观"帽子——积极的想法和希望。
- 绿色的"创意"帽子——它能带来什么，能产生什么新机会。
- 蓝色的"有组织的"帽子——概述过程和整理证据。

4. 寻找逆境，扮演"魔鬼代言人"。你可以找一个值得信任的朋友和你一起做这件事，要求他不要发表意见。在这个过程中，要故意和自己唱反调，需要的话，把唱反调的事项列个清单。

5. 考虑接受辅导。辅导不是指导，这需要另一个人问你一些问题，来帮你缩小范围找到你真正的想法和感受。如果你有特别重大的决定要做，但对你认识的人来说，大声说出这些决定是不可取的，在这一点上，接受辅导会对你有帮助。教练是中立的，不会为了达到他们想要的结果而把你引向任何特定的方向。

6. 不要接受别人对你的期望。自在地偏离预期的结构，学习如何打破常规，或摆脱你以前对事物的理解，以获得真实和合理的东西。有人曾假设你会做某份工作，住某类房子，生几个孩子，到了某个年龄，生活会像他们期望的那样吗？迄今为止，有多少决定是你自己做的，而不是别人期望你做的？这并不意味着你应该反抗任何家庭或社会的期望；许多期望都有其逻辑基础，但你应该质疑它们，并决定它们是否真的适用于此时的你。要积极思考，不要轻易相信任何事情。

## 寻求良好的对话

> 伟大的人讨论思想。普通人讨论事件。小人物讨论人。
>
> ——埃莉诺·罗斯福

### 为什么要寻求良好的对话

这就是八卦杂志如此畅销的原因。评论一个人的衣服尺码或新车颜色几乎不费吹灰之力。传递观察结果是人类生活的一部分，但这很容易，而关于名人感情生活的对话不太可能挑战我们的思维。

这种缺乏实质内容的对话是大众文化的一部分。现在，电影可以通过贝克德尔-华莱士（Bechdel-Wallace）测试来衡量女性在电影中的表现。该测试的灵感来源于艾莉森·贝希德尔（Alison Bechdel）的一幅漫画。在漫画中，女性们讨论了她们选择电影的规则。她们的规则是：电影中必须至少有两名女性；她们必须互相对话；必须是关于男人以外的事情。

现在还要求女性必须是有名有姓的角色。大约有60%的电影通过了这一测试，其中许多通过测试的电影只是因为女性谈论了婚姻和孩子。这些良性的话题点并没有错，但并不鼓励各种讨论。

如果你看看贺卡，就会发现社会希望我们谈论的话题。女性显然应该谈论家庭、鲜花和蛋糕，男性显然应该谈论体育和汽车。超越人和物的对话对我们每个人都很有价值，因为我们觉得我们可以在语言互动中超越年龄和性别的差异。

对话不仅仅是交流思想和分享梦想。归根结底，它有助于加强深度倾听，进行有影响力的学习和行动规划。在被别人理解之前，先去理解别人。良好的对话应该让我们以不同的眼光看待他人和自己。它应该启发我们更广泛地思考，更明智地看待事物。

对话是消除误解、澄清意图、促进行动和提高同理心的途径。为此，我们需要超越对人和事的对话。

**如何寻求良好的对话**

你需要建立、嵌入或扩展这个习惯吗？你与他人文字形式的对话比面对面的对话多吗？你认为对话是收集信息的机会，还是只是分享信息的机会？你还记得并回想过自己的对话吗？

1. 在你的个人生活中留出对话的时间，无论是面对面的还是虚拟的。如果需要的话，你可以把它作为一个新习惯嵌入现有习惯中。你可能决定在周日午餐后进行一次家庭视频通话，或者在没有电话或电视干扰的情况下，在早餐时与同住的人进行对话。你可以选择和一个同事一起吃午饭，在去餐厅的路上聊天，或者和一个朋友一起边慢跑边交流。

2. 想想自己经常和谁对话。你在对话过程中接触到的是各种各样的意见，还只是"回音室"？你可以在排队、等公共汽车的时候跟陌生人聊天，或者和你经常见面但很少说话的同事聊天，这样做的目的是与不同年龄和不同文化背景的人对话。即使是短暂的对话，也能给人留下持久的记忆。

3. 偶尔摘掉耳机。虽然在上下班或购物的路上听听播客、有声读物或听点音乐会有利于放松心情，但这个过程也是观察他人、与他人互动的机会。找到一个能平衡的方法。如果你去任何地方都戴着耳机，不和任何人说话，就应该重新考虑你错过的对话的机会。

4. 花点时间和孩子们说话。大多数孩子都很乐意告诉父母他们最近面临的困扰。对于你来说，这是一个练习倾听技巧的很好方式，还可以让孩子们真正地提高能力。许多孩子的想法在对话中被忽视了，但是如果你肯花时间和他们聊天，就可以非常敏锐地观察到这些。

5. 同样，也要找一些与长辈对话的机会。他们经历过生活的巨变，可以成为信息和观点的惊人来源。这些长辈包括家人、邻居，或者那些你在外面遇到的人。

6. 计划与你亲近的人进行有深度的对话。当我们遇到其他人时，对话的内容经常是那些没有深度的琐事，这种对话就像吃甜食一样，带给你的兴奋感不会持续很久。实质性的对话不仅仅涉及天气情况和晚餐吃什么。试着从谈论人转移到谈论事件，然后是谈论想法。如果你需要灵感的话，可以在网上查看一下话题列表。

## 必要时改变自己的观点

> 没有变化就不可能有进步；而那些不能改变自己思想的人就不能改变任何东西。
>
> ——萧伯纳

**为什么需要改变观点**

提高批判性思维能力的另一个习惯是，在更好的数据面前改变我们的观点或决定。这并不意味着你应该对自己的思维方式或做出的决定缺乏信心。这是指在你错了的时候，保持开放的心态和接受的态度，并在必要时重新定位自己。这就是将准确性和真实性置于自我之上。

我们生活在一个信息爆炸的世界。你可以深入研究，但在做出决定之后，你仍然会发现新的证据浮出水面，你的决定也会随之改变。科学家经常要这样做。如果我们没有发现并接受新证据的人，那么我们的世界就不会有什么技术进步。批判性思考者认为，这种将决定视为开放性而非封闭性的习惯是一种积极因素，它能带来更好的结果，而不是对他们能力的轻视。这种习惯比听起来更难！要想掌握它，你需要更关心的是把事情做好，而不是把事情做对。

**如何改变观点**

你需要建立、嵌入或扩展这个习惯吗？有些人认为改变观点是一种弱点，在社会中被低估了。如果你不得不改变一个决定，你会有何感想？如果有人向你提供了与你之前的结论相悖的新信息，你会觉得感激还是沮丧？你对过去决定的坚持程度，是你已经养成这种心理习惯的标志。

1. 试着把你做的决定视为"一个决定"而不是"我的决定"。当新的证据出现时，改变选择会感觉不那么个人化了，你的自我意识也不太可能成为阻碍。

2. 想象一下，这是一个朋友或亲戚的选择，你会建议他们怎么做？

3. 有时，改变观点很难，因为这意味着改变我们已经踏上的道路。就像前面的例子一样，回到原来的道路，选择正确的道路，要比继续走错误的道路容易得多。与错误决定的长期影响相比，花在纠正自己身上的短期时间可能并不那么重要。选择你会感谢自己的未来。

4. 尝试将该决定视为科学实验或法律案例,当有新的证据出现时,你也会期望科学家和律师相应地调整他们的立场。这个方法同样适用于你的人生选择。很少有决策是设限的。

5. 找出你制造的借口,并质疑你制造这些借口是不是为了捍卫一个需要重新审视的观点。

## 避免匆忙下结论

当人们提出自己的观点时,我学会了耐心倾听,即使我认为这些观点是错误的。除非你听取双方的意见,否则你无法在争端中做出公正的决定。

——纳尔逊·曼德拉

### 为什么要避免匆忙下结论

成为一名专业的批判性思考者意味着训练自己不要匆忙下结论,尤其是在缺乏数据的情况下。在做出决定之前,要有意识地查看问题、议题、情况的各个方面和各种信息。

纳尔逊·曼德拉(Nelson Mandela)是尊重决策和领导艺术方面的专家。"你是如何成为这么优秀的领导者的?"有人问他。曼德拉回答说:"因为我最后才学会说话。"在曼德拉的成长环境中,决策者在进入对话之前会听取他人的意见,他认为领导者的工作"不是告诉人们该做什么,而是形成共识";他建议人们"不要过早地参与辩论";他会在会议结束时总结要点,并巧妙地引导会议朝着他认为会导致最佳决策的方向发展,即使这与他最初的观点不同。

### 如何避免匆忙下结论

想一想,在什么情况下,你必须决定一些重要的事情,而不仅仅是接下来看什么电影。这将帮助你决定是否需要建立、嵌入或扩展这个习惯。你通常会立即决定要做什么，然后说服他人吗？你是否会快速检查信息，但通常只从能够支持你最初想法的来源进行检查？你是否对某些决定进行彻底检查，但对其他重要决定却因太累或太费时间而听之任之？

1. 在发言之前倾听他人的意见，可以收集到不偏不倚的信息。在发表自己的观点之前先进行调查研究，这样就能避免因成见、情绪或不考虑其他因素而选择阻力最小的道路。像曼德拉那样做：先听后说。

2. 在做决定时，问问自己最显而易见的答案是什么，然后问问自己为什么。是因为这是别人期望你做出的选择吗？如果是，谁在期望你做出这样的选择？你能用证据向未来的自己证明你的决定是正确的吗？

3. 如果你知道在某些情况下你经常会当机立断，就把它们写下来。为你的选择做一下计划。有时，预测你何时需要做出选择很容易，但做调查很难。例如，在求职面试时，你需要对与你共事的团队、工作地点和角色做出结论。你可以提前做一些准备，但往往需要在面试当天收集一些证据。不过，你可以事先计划好关于工作地点或团队的正确问题。在缺乏可靠信息的情况下，不依赖直觉和刻板印象更容易做出更好的决定。

## ↘ 行动步骤

针对每一种批判性思维能力，找出你学习的起点。你可能需要使用这种类似表格（见表15-1）来组织你的思路。

表 15-1　批判性思维能力学习表格

| 批判性思维习惯 | 建立 | 嵌入 | 扩展 |
| --- | --- | --- | --- |
| 进行广泛阅读 | | | |
| 写下所感所想 | | | |

续表

| 批判性思维习惯 | 建立 | 嵌入 | 扩展 |
|---|---|---|---|
| 建立实现目标的系统 | | | |
| 仔细检查并质疑自己 | | | |
| 寻求良好的对话 | | | |
| 必要时改变自己的观点 | | | |
| 避免匆忙下结论 | | | |

确保诚实地说出你已经做了什么，并考虑如何通过承诺采取具体步骤，在短期、中期和长期内继续培养这个习惯。决定先从哪个步骤开始。罗马不是一天建成的，而是通过每天慢慢砌砖建成的。从长远来看，你可以建立一个优秀的新的心理自动驾驶仪，让你在驾驭世界时省时省力。

考虑使用习惯跟踪应用程序或图表，就像你要养成身体上的习惯一样。

## ↘ 关键要点

- 目标是随着时间的推移，建立、嵌入和扩展批判性思维习惯。确定每个习惯的起点，努力实现新的自动驾驶。
- 要养成的习惯是：进行广泛阅读、写下所感所想、建立实现目标的系统、仔细检查并质疑自己、寻求良好的对话、必要时改变自己的观点、避免匆忙下结论。
- 使用习惯循环为习惯制订计划，并将它们与现有习惯联系起来。

# 第十六章

# 今天、明天、明年都要坚持下去

习惯是一根缆绳，我们每天都在编织它，最后却无法挣脱。

——贺勒斯·曼

想象你买了一辆新车，它无划痕、干净、运行平稳。你想保持这种状态，每个周末都要洗车；即使不在车内吃东西或喝饮料，仍然用吸尘器打扫座椅和地垫；定期做保养和检修；每次长途驾驶前，都要检查轮胎气压。

五年后，还是同一辆车，你会像对待新车一样对待它吗？你会进行仔细清理、定期保养、好好保护它吗？

如果我们听之任之，习惯就会随着时间的推移而改变。即使是最根深蒂固的习惯，如果没有有意识地努力去保持，也会在几个月或几年后逐渐消失。这就是为什么孩子们可以很好地清理新宠物，成年人可以很好地留出时间去了解新约会对象，任何人都可以在几个月内坚持新的锻炼方式或新的爱好。当一件事的新鲜感褪去后，你就必须将已经开始建立的习惯嵌入其中。

## ↘ 坚持到底

有时，生活会发生变化，你的习惯也会随之改变。你换了工作，以前每天回家路上必去的健身房不在你的路线上了，所以你就没去。你有了宝宝，新的晨练方式让你忘记了刷牙。

即使生活发生了变化，你也必须有意识地努力保持现有习惯。本章将讲述如何长期保持习惯，防止习惯变质，帮助你感受到习惯带来的好处，从而在生活发生变化时，也能将习惯保持下去。

### 合理地组织任务

你是如何购物的？你会列一张清单，还是在食物快吃完的时候才去购买？从你的购物方式可以看出你的组织能力。

如果你稍加整理，就能节省时间，减少金钱和食物的浪费。计划好一周的膳食，并列出一份购物清单，列出你还没有的食物。你可以分批烹饪，在忙碌的日子里准备好剩菜剩饭。最重要的是，如果你能养成这样的组织习惯，以这种方式简化日常工作，你就能腾出时间和空间来做其他事情。虽然很难对膳食计划表感到兴奋，但避免最后一刻慌乱用餐、避免额外的外卖账单、避免深夜购物购买必需品，这些都是值得庆祝的成果。

给所有任务进行顺序，并设定其优先级，是让复杂的一天变得更精简的好方法。有了秩序感，我们往往能完成更多的任务。既然养成良好的批判性思维习惯的一部分就意味着要有条理和分清轻重缓急，那就试着养成在比较繁忙的日子里使用清单的习惯吧。

一个简单的方法是购买或制作一个生活计划本，将日记和待办事项清单结合起来。你可以每月、每周或每天安排任务，并轻松地将它们融入你的日程安排中。如果你家里有需要完成的任务，还可以共享查看和使用。计划好何时清理宠物、何时倒垃圾桶以及其他琐碎的任务，可以节省你的时间和精力。把家里收拾得井井有条，也能让你的头脑井然有序。有各种各样的方法，如使用KonMarie整理法[1]或请专业收纳师上门，也能指导你整理生活中的琐事，让你重新拥有思考的空间和时间。

当日常必需品井然有序时，你就能更好地应对变化。你会减少因混乱而分散注意力的情况，从而养成新的批判性思维习惯。

### 锻炼你的精神和身体

想想你上次填写的申请表。无论是申请大学课程还是找工作，表格中都有可能问及课外活动，而不仅仅是之前取得的成绩，也不仅仅是之前担任的角色。没有人愿意雇用一个懒惰的人，但也很少有人愿意雇用一个在工作或学习之外没有任何生活的人。为了学习或加班而拒绝一切社交活动似乎是个好主意，但要避免身体和精神上的过度劳累，二者必须保持平衡。

你可以把自己的生活安排得井井有条，但有时却执行得心不在焉。而有时，你会觉得自己比别人更有活力、更快乐。这是正常的，不是失败。了解自己的极限，不要把自己逼得太紧。你可以计算出自己在睡眠、社交、锻炼、信仰和安静思考方面需要多少时间。每个人的情况不同。有意识地找出自己的极限，然后确保你的日常计划允许这样做。

---

1　由日本的一位居家整理达人 Marie Kond 创作的一系列整理方法。——译者注

在生活中保持更广阔的视野，有助于培养宽容、开阔的胸襟和更多的同理心。如果你不觉得疲惫，也不觉得自己在牺牲其他对健康至关重要的东西，那么你的新习惯就会更容易坚持下去。为了阅读更多的书而决定放弃锻炼并不是目的，也不太可能对你有益。

### 找到你真正的激情、理由、目的或目标

如果你可以选择在生活中做任何事情，你会选择什么？你会做更多已经在做的事情，还是完全改变方向？你所做的每一件事，尤其是你的习惯，都应该是有目的的，并能实现你的人生理想。如果你所做的一切，包括你的思维方式，都以你喜欢做的事情和你想要实现的目标为基础，那么像批判性思维这样的习惯就很容易养成。

也许你喜欢与年轻学生一起开办职业讲习班。你意识到自己热衷于接触和帮助他人，这会给你带来成就感。你知道，如果你经常练习理性思考、善于提问、积极倾听以及其他批判性思维能力，你就能更有效地胜任这一角色。当你积极地把培养这些能力与理想角色联系起来时，你就在习惯循环中给了自己另一个额外的"奖励"。这个习惯关乎你和他人的未来潜能。

这也适用于人际关系。在人际关系和职业目标方面，不轻易下结论、保持公平谦逊的态度、建立更清晰的沟通，这些都会给你带来显而易见的好处。事实上，批判性思维习惯对你生活的方方面面都有积极影响，而不仅仅局限于生活的一个"季节"，这就是为什么它们是你需要培养的关键习惯。

### 积极主动并勇于承担责任

"狗吃了我的作业"不仅仅是一个虚构的借口，它还包含了许多未按时完成作业的原因，有些可能是真的，有些肯定不是。与那些试图逃避责

任的学生相比，老师更尊重那些承认自己没有完成作业并制订了补救计划的学生。习惯找借口的学生很少成功。

批判性思考者和其他人一样，在决策过程中也会出现失误。要保持任何习惯，无论是身体习惯还是心理习惯，都需要避免找借口。如果你错过了一天，只要从错误中吸取教训，就能轻松地恢复过来。但如果你允许找借口成为你的习惯，那么它们最终会成为你的例行习惯。最终，你还没开始就已经放弃了。

### 增强你的意志力和自律能力

在习惯的改变和养成过程中，最基本、最重要的能力或许就是意志力和自律这两种。意志力可以被看作一种突如其来、瞬间集中爆发的能量，自律则是有条理的、深思熟虑的和始终如一的。

棉花糖测试设计于1972年，它显示了自律是如何从早期开始的，并被用来追踪从童年到成年的自律情况。学龄前儿童看到了盘子里的棉花糖。如果他们想吃，就可以吃。如果他们能等上10分钟，就可以吃掉这一颗，并得到第二颗。测试的成功率与未来的成功和健康状况的改善相关，甚至在30年后也是如此。当孩子们必须共同努力才能实现目标时，他们在自律方面会更成功。事实证明，责任感从小就开始发挥作用了。

研究表明，意志力是个人和学业成功的最重要标志之一。每天练习意志力的小动作（何时停止吃饼干或何时放下手机），以便能够抵御可能破坏你习惯的干扰和诱惑。

### 让自己与批判性思考者为伍

你可能听过吉姆·罗恩（Jim Rohn）说过的一句话："你是你最亲密的五个朋友的平均值。"也许你检查过你最亲密的朋友，他们似乎都还不错……没有坏习惯试图破坏你的生活。这是一个良好的开端，但有时简单的规则过于简单；它对你生活的影响超出了你的亲密朋友圈，不仅影响了你见过的一些人，甚至包括那些你未曾谋面的人。

事实证明，如果你朋友的朋友体重增加、开始吸烟或不那么快乐，那么涟漪效应就会蔓延开来。即使你从未见过他们，你也有可能发胖、吸烟或不快乐。你身边的人和你的社交圈对你生活的影响是可以衡量的。

如何利用这一点来帮助你养成习惯？你可以与现有的朋友一起努力实现共同的目标，把他们当作问责伙伴，必要时还可以考虑扩大你的社交圈，让那些已经具备这些技能的人也加入进来。就像与阅读广泛的朋友在一起能鼓励你尝试新的文学作品一样，与批判性思考者在一起也能帮助你训练自己的思维，使自己像他们一样思考问题。

### 避免过度思考

你有没有发现自己一直盯着"加载中"屏幕，等待视频上传或更新生效？就像我们会在没有任何逻辑原因的情况下被屏幕卡住一样，我们也会被自己的想法卡住。可以把这种情况想象成精神上的交通堵塞。善于思考是好事，它能帮助你顺利到达目的地。如果你在上下班高峰期试图这样做，就会出现过度思考的情况。

批判性思考者往往会进行更深入的思考，从而避免所谓的分析瘫痪和信息超载倾向。你也可以避免这个陷阱，就像如果你仔细规划你的行程时间和路线，就可以避免堵车一样。

如果你陷入了沉思，首先要做的就是把自己带回现实世界。可以使用5-4-3-2-1方法：刻意注意五件你能看到的事物、四件你能触摸到的事物、三件你能听到的事物、两件你能闻到的事物、一件你能品尝到的事物。这个方法适用于焦虑和过度思考，任何时候你都需要让自己回到现实中。

一旦你回到现实中，就可以重新专注于手头的任务。这通常与计划并行不悖，因为如果我们试图同时处理多项任务或在短得不能再短的时间内完成任务，就会不知所措。记住，一次只做一件事，明确这件事是什么，为什么要做。如果你集中精力一次养成一个习惯，通常就会有效果。有时，你只需要"做下一件正确的事"。

当过度思考持续存在并成为一种习惯时，你可以利用其他技能来帮助你找出根源。写下来或说出来都是有益的。抽时间跑跑步、散散步或读读书，可能会让你头脑清醒。记下对你有用的方法，找到一种建设性的方法来处理任何烦恼或负面想法。

**熟能生巧**

重复是养成任何习惯的关键。不要追求完美。为练习做好计划，"完美"就会随之而来。

顾名思义，习惯是定期发生的，而不是一次性事件。习惯不是"一蹴而就"的事情。如果很多人希望每天都是完美的，就无法养成习惯。如果你想长期养成一种习惯，就应该接受不完美，并确保每天都能做到。

## ↘ 养成批判性思维习惯的简单步骤

### 养成阅读的习惯

每天留出30分钟，阅读至少三个不同来源的新闻，并比较它们的故事：

1. 列出每个新闻网站的要点。

2. 比较它们的共同点（如果是同一个事件）和不同点。

3. 分析你从各个网站收集到的信息。

4. 如果你觉得还缺少什么，就去找其他的相关资料。

5. 对这个问题做出你自己的结论。

### 养成写作的习惯

每天留出时间，在实体或电子日记中写作。

1.找出一天中的关键事件，考虑将来阅读时可能会发现的重要事件。

2.用自己的话记下每天阅读的新闻和文章的主要观点。

为工作和/或个人生活撰写发展日记。

1.用不同的日志记录你每天遇到的问题，无论是大问题还是小问题，还要记录你采取了什么步骤来解决问题，以及问题的处理结果（例如，问题是解决了还是仍然没有得到解决）。

2.每周回顾你的日志，发现你的思维模式、你的困惑和小的成功之处。

3.分析你的模式，并利用这些发现做出积极的改变。你的写作可以带动其他习惯的改变。

### 养成系统（而不是目标）的习惯

超越物理系统限制，为你的一天做好准备。利用所学知识建立思维系统，提高其他批判性思维能力。

考虑"软"目标，如感觉更感恩、更放松、更快乐。规划支持你实现这些感觉目标的系统。这往往比实现物质目标的系统要难得多。

1.找出那些有助于你实现"软"目标的因素，例如，和家人在一起的时间，出门散步，或者做一项爱好。

2.选择一个可以轻松实现的目标。例如，你可以选择在回复一封电子邮件或一通电话之前做三次深呼吸，这样可以提高你的情绪控制能力，最终让你在处理具有挑战性的情况时感到更加放松。

3.列出一些可以付诸行动的想法，以提高生活中这一"软"目标的水平。

让系统成为工作或家庭生活中的谈资，通过转换关注点，向他人解释你的目标。这样，你就可以在获得支持的同时巩固系统的合理性。

1. 选择一个短语来轻松解释你的重点。让自己和其他人清楚地知道，你专注于实践，而不是完美。

2. 写下你的系统有益的理由，不要提及目标。

3. 把这些理由放在你容易看到或找到的地方。

4. 与家人、朋友或同事分享建立该系统的原因，而不是目标的动机。

**养成提问的习惯**

下次当你要做重大决定时，花点时间做个选择评估，可以大声说出来，也可以写下来。

1. 有意识地把你通常不考虑的选项包括进来，其中一个选项应保持现状，作为对比（如果你是科学的，也可以称为"对照"）。

2. 自己找出每个方案的利弊。

3. 向他人询问潜在的解决方案，因为他们可能会提出你没有想到的想法。

4. 总结每个方案，然后排序。

如果在做决定之前有更多时间，可以每天写下做出选择的理由。

1. 试着每次都想一个不同的理由来证明你的选择是正确的。

2. 找出做出不同选择的可能原因，这将有助于你进行更广泛的思考。

3. 在适当的时候尝试其中的一些选择。

4. 分析你的选择和理由。你是否发现自己陷入了困境或错过了一些好机会？

在关键位置用笔记提示自己"为什么"。这些可以作为其他习惯的双重提醒，同时让你反复检查自己的选择，这也是一种良好的心理习惯。

1. 在手机充电器旁的纸条上可以写道："为什么你现在想看社交媒体？"

2. 在橱柜旁的纸条上可以写道："为什么你现在想吃饼干？"

### 养成良好对话的习惯

确定一个你感兴趣的时事新闻网站。

1. 确定一位你愿意讨论的朋友或亲戚，也许他们已经在该领域拥有专业知识。

2. 积极安排时间，与他们就每周或每两周阅读的文章进行交流。

3. 保持开放式对话，不带任何议程，真正倾听他们的想法。

了解当地市政厅和议会的会议时间。你会发现有各种各样的人可以与你就政策和原则进行交谈。

1. 将日期写在你的日记中，这样你就可以承诺去参加会议。

2. 确定其他可以和你一起去的人。如果是新情况，这样做会让你感觉轻松一些，同时也是对你出席会议的负责。

3. 提前阅读要讨论的话题，以便有备无患。

4. 提前确定你希望得到回答的问题。

5. 计划倾听那些持反对意见的人的观点，以对话而非争论为目标。

### 养成灵活变通的习惯

找出一个重大的新闻事件，如气候、贸易规则或税收法规的变化。

1. 随着时间的推移跟踪这个事件，并记下你对它的看法。

2. 注意哪些证据改变了你的看法。

3. 确定与你亲近的其他人的观点或当时的舆论环境。

4. 分析你的观点随时间的变化。如果观点没有任何变化，为什么？如果有，哪些证据改变了你的观点？

5. 找出改变你的观点所需的证据，不要回避寻找证据。

找出一个你愿意调查的更次要的观点。也许你认为自己不喜欢某类食物，所以避免食用？

1. 试举一些例子来检验你的观点是否仍然有效，或者你是否只是因为一次糟糕的经历而改变了你的观点？

2. 计划酌情扩大测试范围。

3. 在日记中写下你改变观点的时间点以及原因。

## 养成公正结论的习惯

在阅读或观看新闻报道时对其进行解读。

1. 他们想让读者得出什么结论？我们经常在他人或媒体的引导下得出结论。

2. 使用了哪些信息来源？为什么？学会辨别信息来源是在引导你走他们的路，而不是让你选择自己的路。

3. 确定你是否认为需要更多证据，并记下你认为缺乏这种严谨性的出版物。

与朋友一起做实验。人们对"最好"的定义会导致他们得出结论，但我们对"最好"的定义可能大相径庭。

1. 问问自己和他人，他们认为最好的房子、汽车、伴侣、工作、假期等是什么。

2. 分析他们的回答，尤其是你自己和你最亲近的人的回答。

3. 如果不首先询问选择背后的原因，会容易得出哪些不同的结论，并产生哪些误解？

## ↘ 行动步骤

1. 了解自己是否有能力延续现有的习惯。使用第十五章中的表格来制订计划。确定检查计划的日期，确保你不会让事情失败或停滞不前。

2. 提前为你的关键习惯和任何新的批判性思维习惯制定策略。写下你的计划，放在你能看到的地方。

3. 记住，你要让这些习惯像你计划和开始时一样闪亮、崭新和令人兴奋。就像对待一辆新车一样，你要让这些习惯不再贬值，不再理所当然。让你的维护计划也成为一种习惯。

我们有很多方法可以培养自己的批判性思维能力，并将这些能力转化为比一个赛季更持久的习惯。就像良好的汽车保养可以让旧车保持崭新的外观和良好的运行状态一样，长期养成的良好习惯可以让你的思维保持活跃，随时准备学习任何你需要的新技能和新信息，以达到最佳状态。

## ↘ 关键要点

- 要知道，如果没有针对任务、身体和思想的维护计划，习惯就会随着时间的推移而消失。
- 通过提醒自己真正的激情和动力，来实现习惯的价值。
- 你的朋友和你自己的想法既会激励你，也会阻碍你。控制好这两方面，把注意力集中在积极的影响上。
- 告诉自己这是新的能长期保持的习惯，要将其视为重要的习惯。从长远来看，那些改掉的习惯对你没有什么益处。

# 第十七章

# 打造一个更强的大脑——把这些习惯发扬光大

> 知识渊博并不等于聪明；智慧不是信息，而是判断，是收集和使用信息的方式。
>
> ——卡尔·萨根

你能想象自己突然停止学习了吗？从这一秒开始，你将无法做任何你还没有解决的事情。你将无法提出问题来寻找未知的答案，什么都做不了。生活很快就会变得非常艰难。

我们会自然而然地知道新熟人的名字、新地点的路线、新歌的歌词、新技术的技巧。当你学会其中任何一项时，从想出一条捷径让回家的路程快几分钟，到完善一个舞蹈动作，都会有一种满足感。人类有学习的天性，而且非常喜欢学习。

令人惊奇的是，鉴于这种建立和提高原有理解和技能的自然能力，人们常常使用共同话术来反对学习。他们认为学习是一件苦差事，是只有学生才做的事情，是一件艰苦而枯燥的事情。

学习是我们在生活中感到兴奋的东西，是一种新发现的感觉，只不过我们把它叫作学习！当你考虑学习时，它听起来是一种拖累，还是让你充满喜悦？如果你能让学习听起来像是对心灵的犒赏，那么培养新的批判性思维习惯就会容易得多。

批判性思维习惯还需要扩展，就像良好的锻炼习惯一样，要不断挑战自己。

要成功学习任何东西，你都需要坚持不懈，一点儿一点儿地推动自己前进。一旦你利用习惯循环建立了习惯，并通过使用跟踪器或问责方法将其嵌入其中，你就需要扩展这些习惯，让它们向你发起挑战。

在《教学原则》这本被广泛认为是良好教学实践的重要总结的书中，评估一项教与学实践难度是否适宜的关键指标是，成功率是否保持在80%。如果成功率为70%，表示考核太难；如果成功率为95%，则表示考核太容易。当你所做的任务有一点挑战性，但又不至于让你觉得自己失败时，你的学习效果最好。

扩展你的批判性思维习惯就是更深入地学习这种能力。你需要稍微增加日常工作的挑战性，使其成功率达到80%。你的目标是保持它的激励性。太难了，你可能会放弃，习惯也不会深入人心。太容易了，你会觉得自己没有进步，习惯会失去价值，最终逐渐消失。请记住，好习惯是那些容易做到并有回报的习惯。我们需要不断鞭策自己，逐步提高自己的极限。

## ↘ 借鉴希腊先贤的思想

苏格拉底方法是一种可以应用到生活中多个领域的方法。被誉为现代道德思想先驱的希腊哲学家苏格拉底在2500多年前就提出了这一方法。这是一个成功的高层对话"辩论"框架，可以应用于一个人内部思想的碰撞，也可以应用于与他人的外部辩论。

苏格拉底的"辩论"并不是指现代意义上的辩论，它不是大喊大叫或一意孤行。它是一种合作性的辩论，在这种辩论中，你提出问题，让与你对话的人进行更深入的思考。即使你们的出发点不同，你们也要共同努力，找出问题的真相。

你需要采取类似于教练的心态。你的目标是提出问题，帮助对方自己找到答案，而不是去告诉对方答案。理想情况下，对方也会这样对待你。

以下是该方法的总结：

第一步：好奇。你在寻找什么问题的答案？

第二步：假设。你认为答案可能是什么？为什么？

第三步：反问。提出问题并找出证据，以帮助确定假设的有效性。这是你们讨论的主要内容，也被称为"elenchus"，这个希腊词语用来描述这种辩论风格。

第四步：得出结论。决定假设是否经得起推敲。

第五步：下一步是什么。你可能需要采取行动，或者提出另一个问题，或者提出另一个假设。

你可能会注意到这与第一篇中的批判性思维和科学方法很相似，这绝非巧合！苏格拉底方法是这两种方法的基础。你仍然可以使用原始方法作为出色辩论的框架，来组织你的对话和思考。

## ↘ 高强度间歇性地训练你的大脑

　　许多活动和游戏可以帮助你发展批判性思维能力。许多活动和游戏都具有很强的社交性，被归类为休闲而非学习，但实际上兼具这两种功能。明智选择消遣方式的好处在于，批判性思维能力不仅是为了工作或学术追求的发展，而是要成为你整个生活的一部分。这样才能让思考成为一种习惯，成为贯穿生活方方面面的一条主线。

　　许多活动还能让你找到志同道合的人，使你更容易进行有意义的对话。你将建立一个更加多样化的社交网络，接触到更多不同的机会。

### 扩展批判性阅读习惯

　　1. 参加读书小组或寻找阅读伙伴，有意识地选择要求较高的文章并详细阅读。为此计划好时间。许多书籍都在网上提供了便于小组讨论的问题，有些书籍还专门为此在书末提供了问题。如果想扩展讨论，你可以使用苏格拉底方法来探讨关键主题和解释。如果觉得与真人讨论太累，你可以找到许多经典和流行书籍的书评和讨论的播客或视频。

　　2. 报名参加一门文学课程，如果你有能力和愿望，可以选择正式课程，如果你愿意，也可以选择非正式课程。许多大学都有相应的在线课程，有些还是免费的。例如，英国牛津大学就有专门培养批判性阅读能力的在线课程。

　　3. 玩文字游戏。从新闻报道中找出对所传达信息至关重要的词语。一个好的方法是，想一想改变其中的哪个词语可以让报道有新的变化？这是一种有趣的方法，可以让你在短时间内对文本进行分析。

### 扩展批判性写作习惯

　　1. 为产品和服务撰写在线评论。以专业标准的回复和受众为目标。这将有助于你考虑用词，并使用更多的描述性语言。

2. 参加真实或虚拟的写作班或编辑班。重要的是，作为工作或职业发展的一部分，要有固定的作业。就为你和特定受众选择的主题进行写作，有助于你学习新的写作技巧。

3. 尝试自由撰稿。即使稿酬不高，你也必须使用新的风格和目标受众来撰写。只要能迫使你不断学习和调整技巧，就能提高你的能力。

**扩展批判性系统习惯**

1. 加入委员会、家长教师协会、地方团体或其他论坛。为其中一个长期目标承担责任，并将该目标转化为一个系统，以实现该目标以及更长远的成功。与其他人一起制订计划，实施小组或组织的变革，使该领域更加注重系统。

2. 以同样的方式，你可以自己或与朋友一起找出一个当地问题，这个问题将受益于长期战略而不是一次性目标。规划可以做的事情，并与其他人联系，使其成为现实。

3. 联系当地的慈善机构或非政府组织，了解他们的长期目标是什么，并确定你可以做些什么来建立支持他们的系统。可以组织例行筹款活动，为他们提供更稳定的收入，也可以定期开展宣传活动。

**扩展批判性提问习惯**

1. 阅读科学期刊。批判性思维反映了科学方法。特别是，如果你没有接受过科学家培训，那么沉浸在新发现的逻辑中是提高你对理所当然的事物的质疑的好方法。这是一种发现未来可能性的有趣方式，因为许多正在研究的东西听起来就像科幻小说。

2. 观看晚间新闻访谈的直播或回放。找出什么样的提问方式能引出关键信息，什么样的提问方式会让谈话陷入僵局，这对培养你提出好问题的能力大有裨益。

3. 对自己和他人使用苏格拉底方法。如果有条件，可以找朋友练习辩论式提问，以提高你盘问自己和他人的能力。如何提问与提问什么同样重要。你可以收听播客或阅读讨论伟大哲学家理论的书籍，以培养自己的提问能力，从而有效地探讨问题和进行辩论。

**扩展批判性谈话习惯**

1. 收听各种播客。在越来越多的网站上可以找到这些资源，而且大多数都是免费的。许多知名的播客根据自身的主题定位，每天或每周都有新的内容，因此听播客很容易成为日常工作的一部分。听TED演讲[1]是一个很好的开始，因为它讨论了各种各样的话题，这些话题会让你认真思考，并成为与他人对话的开场白。你也可以使用其他技能进行辅助练习，例如，用辩论来扩展自己提问的技巧，用讨论来挑战自己当前的观点，用辅导式的讨论来帮助自己掌握批判性阅读和写作技巧。

2. 搜集你感兴趣的主题的网络研讨会或现场研讨会。研讨会上会有讲座，这是倾听的好机会，但也会有讨论他人观点的机会。这就是对话的机会。

**扩展批判性观点习惯**

1. 挑战自己，和一个与你持相反意见但关系很好的人进行对话（保持礼貌状态）。倾听并找出他用来得出与你不同结论的证据。双方都确保对话的目标是理解对方的观点，而不是试图迫使对方改变观点。同样，你可以用苏格拉底方法作为你的行动框架。

2. 翻翻以前的课本，或与年长的亲戚谈谈你年轻时的理想。想想如果

---

1　TED 是美国的一家私有非营利机构，该机构以它组织的 TED 大会著称，这个会议的宗旨是"传播一切值得传播的创意"。——译者注

你选择了不同的道路，是什么让你改变了主意。

3. 观看政治辩论，可以是现场直播或视频，也可以是过去的事件。明确自己观看前后的观点是否有变化，找出导致这种变化的依据，使用其他资料查找该辩论所提出的主张。

**扩展批判性总结习惯**

1. 通过媒体报道或名人自传来分析企业家的决策过程。这是一个很好的方法，从中不仅可以了解他们是如何做决策的，还可以确定他们的决策是否存在遗憾之处。更多地了解他人的决策过程，可以让你逐渐将这些方法应用到自己身上。

2. 如果你想模仿某些思想家或历史人物的观点，在做决策的时候可以问问自己："如果我是×××，会怎么做？"那些思想家和历史人物都不是我们可以直接询问的人，我们这么问自己不是为了推卸责任，而是一种心理暗示，以防止我们草率地做出决定。

# ↘ 智力游戏

有时，提高技能的最好方法就是玩游戏。我们都需要一些闲暇时间，如果你能找到自己喜欢做的事情，又能提高思维敏锐度，那就一举两得了。无论你喜欢实体游戏还是数字游戏，这份清单中都有你喜欢的游戏。

**传统游戏**

1. 国际象棋。无论是使用真实棋盘，还是使用数字棋盘，国际象棋都是一种易学难精的游戏。网上有很多应用程序可供使用，你可以与人工智能或其他用户对弈。

2. 围棋。据说是最古老的棋盘游戏，2500年前就有了最早的游戏记录。围棋很简单，孩子也能学会，但掌握它比国际象棋更难。同样，如果你喜欢数字游戏而不是实体游戏，也可以选择在线版本。该游戏与国际象棋类似，有助于识别逻辑顺序和模式。

3. 纵横字谜。这个游戏仍然很受欢迎是有原因的。有很多书可以提供纸质版的纵横字谜游戏，甚至《纽约时报》也有该游戏的一个应用程序，这样你就不必买报纸就能玩该游戏了。你还可以尝试密码纵横字谜游戏，这对你的大脑是一个额外挑战，其中的线索要求你在开始考虑答案之前，先解开线索中的词语的双重含义。如果你想换一种方式，可以试试应用程序Bonza，在这款应用程序中，你需要将纵横字谜的片段排列起来。

4. 数独。数独游戏可以很简单，也可以很复杂，是培养逻辑排序能力的绝佳工具。通过数独游戏，你可以培养工作模式，解决谜题，还可以提高你的注意力。虽然这些谜题包含数字，但它们并不只适合那些热爱数学的人；只要能数到十，你就能完成数独。市面上有很多谜题书籍和应用程序可供选择。你可能想从纸质谜题开始，因为在解题过程中可能更容易形成自己的标记方法。

### 游戏应用程序

1. elevate。该应用程序旨在以一种不同于学校的方式提高你的读写和计算能力。你可以选择小游戏来玩，这些小游戏都是实用的任务，但采用了游戏化的设置。随着时间的推移，这款应用程序会为你定制任务，不断挑战你，并有各种不同的领域供你练习，包括听写、记忆、词汇积累、估算、平均值和理解。这些任务可以非常快速地完成，因此很容易融入你现有的习惯循环中，帮助你形成新的习惯。

2. Lumosity。如果你想提高可迁移技能，如分清主次、解决问题、记忆等能力，那么试试Lumosity吧。这款游戏会对你的速度、记忆力、注意力、灵活性和解决问题的能力进行评分。你可以很容易地看到一个训练日历，它可以作为习惯跟踪器，而且有iOS和Android版本，你可以在大多数平台上玩。与elevate相比，它的任务更像游戏，但通常会对相同的技能进行调整。

3. Orixo。如果你想放松一下，同时又想做一些比随意点击屏幕更能锻炼大脑的事情，不妨试试Orixo，它可以让你在轻松的背景音乐中思考谜题。Logisk Studio制作了许多类似的游戏，所有游戏都有多个关卡，在增加挑战性的同时不会让你感到压力。

4. I Love Hue。如果你需要提高注意力和重新集中精力，这款视觉拼图应用程序就很适合你。它简单而美观。如果什么都不看的想法对你来说很困难，它可以用来以一种不具威胁性的方式介绍日常冥想。这是一种巧妙培养一些关键技能的平和方式。

5. Peak。这款游戏是大脑训练的终极HITT锻炼。短时间但高强度的脑力锻炼可提高你的注意力、记忆力、解决问题的能力和思维敏捷性等。这款游戏得到了英美顶尖大学科学家的研究支持。它看起来和感觉上都很像游戏，而不是画面精美的教育任务，但你会得到教练的指导。因此，这是非常重要的大脑训练。

6. Happy Neuron。这款游戏是一个具有高度个性化反馈的应用程序。在游戏中，你会被分配一位教练，教练会指导你选择最适合的游戏，并通过激励和跟踪来支持你养成习惯。该游戏关注的重点领域是记忆力、专注力、语言、执行能力、视觉、空间和跨功能联系。该游戏制作精美，有多种语言版本。

7. Braingle。如果你喜欢玩脑筋急转弯和猜谜，那么，Braingle就是为你量身定做的游戏。它是一个不断被用户添加内容和进行评分的在线内容集合，包括各种各样的脑筋急转弯和谜题，从代码和密码到琐事问答和策略游戏，它有在线社区或者每日一邮栏目供玩家选择。Braingle属于网页游戏，不用下载专门的应用程序，是桌面游戏的一个很好的选择，同时还可以很方便地在移动设备上使用。

## ↘ 行动步骤

1. 查看第十五章中的表格，确定你有哪些习惯已经养成，哪些习惯需要进行扩展。

2. 使用本章的建议来指导你的行动，选择其中的一种方法来扩展一项技能。记住让这个过程变得简单和有益，这样才会触发习惯循环。

3. 用苏格拉底方法研究你内心的想法，之后把这种教育方法应用在别人身上。

4. 像养成一个新习惯一样，计划好你日常生活中的必要步骤。

## ↘ 关键要点

- 随着时间的推移，扩展你的批判性思维习惯，以提高你的批判性思维能力。就像一个好的锻炼计划一样，你需要不断挑战自己来获得更多成果。

- 确保你对选择的挑战水平持现实态度。太容易了，你会觉得没有成就感，也不会对自己有太多提升。太难了，你更有可能选择放弃。

- 像计划养成一个新习惯一样计划你的行动。

- 你可以通过许多愉快的和社交化的方式来扩展批判性思维能力，选择那些让你满意的活动。

- 你可以通过玩游戏来培养批判性思维能力。如果你想改掉一个效率较低的游戏习惯，这些方法尤其有用。

# 第十八章

# 批判性思维习惯辅助工具

> 人们决定不了他们的未来，但他们能决定他们的习惯，而习惯决定了他们的未来。
>
> ——F.M. 亚历山大

在克罗地亚的荒郊野外，一群青少年正在进行环保探险。由于没有Wi-Fi，大家很快就聊到了他们的手机还有多少数据流量可以使用。没有人愿意支付额外的流量费用。令人惊讶的是，很多人都在为应用程序Snapchat的Snapstreaks[1]保存数据。我不知道Snapstreaks是什么，就问他们为什么它这么重要。

---

1　Snapstreaks 是 Snapchat 的一项功能，可以跟踪用户每天与朋友交换快照的时长。——译者注

经过他们的介绍，我了解到：在Snapchat上与朋友聊天、联络，用户需要每天完成"向好友打招呼"任务，以保持和好友的联络，如果用户某一天没有发送信息，该计数器将归零。这足以让持续发送信息成为他们的首要任务。尽管他们地处偏远，设施匮乏，但他们不想因为自己的原因与朋友中断联络，这可能会影响友谊。

使用Snapchat对学生来说是一个牢固的习惯，而记录Snapstreaks是其中的关键。科技公司利用我们将自己的"成就"可视化的欲望，让我们更长时间地使用它们的产品，看到更多的广告。我们也可以使用同样的技巧来养成自己的习惯，让习惯的养成过程更有趣。

有很多纸质和电子应用程序可以用来规划你的每一天，跟踪你在改掉旧习惯或养成新习惯方面的进展。

那么，简单地说，为什么它们如此有效？最有帮助的技巧有如下几点：

- 给你一个视觉提示，提醒你去采取行动。
- 当你看到自己取得的进步时，给你动力。
- 通过记录你此刻的成功，给你满足感。

使用这些工具中的任何一种都可以帮助你，因为虽然新习惯可以在18~254天之间形成（平均为66天），但对于大多数人来说，要到两个月后才能成为自动反应。在这段时间里，可能会发生很多事情，因此，如果你能通过使用这些工具来"欺骗"自己，使自己保持连贯的习惯，就会给你带来优势。

## ↘ 做计划

首先要确定你需要做什么，什么时候做，计划是什么，这是高效生活的起点。使用计划表，无论它是简单的日历、日记的形式，还是使用应用程序，都可以让你的计划保持在受控状态。以下是一些好用的资源及其使用技巧。

### 日历或计划表

使用更详细的日历或计划表，例如，Hello Day网站提供的计划表。

### 子弹笔记

子弹笔记（bullet journal）是一种用来计划和记录几乎任何你能想到的事情的个人管理工具，有很多网站和书籍提供参考样式，指导用户进行个性化设置。用户既可以使用部分页面被设置过的子弹笔记，也可以自己全部自定义页面。如果用户更喜欢在纸质笔记本上进行记录，喜欢创意又具有条理，那么会很喜欢这个工具。用户可以把它做成任何想要的样子，还可以加入一些社交媒体小组去分享自己的想法和技巧。

### 习惯计分卡

习惯计分卡（habits scorecard）是由作家詹姆斯·克利尔（James Clear）提出的，它可以让用户自定义习惯记录，这样用户就能更清楚地了解自己的日常行为。使用习惯计分卡时，先要按时间顺序列出你的日常习惯，然后将这些习惯分为有效、无效或中性三种类型。这能让用户更好地欣赏自己的不同行为，帮助用户成为想成为的人。在计划新习惯时，习惯计分卡很有用，因为它指出了现有习惯的类型，这样就可以把新习惯与现有习惯联系起来，放弃那些无效习惯，为更好的习惯让路。

### 周一项目管理

周一项目管理（Monday project management）工具用于职业生涯规划而不是个人生活管理。工作场所的良好习惯需要良好的沟通、明确的任务及对这些任务的跟踪来支持，使用该工具，可以帮助团队构建简化工作流程的系统。

### Ike to-do list

Ike to-do list是一个简单的应用程序，用于在一个地方组织日常和长期任务。由于它使用艾森豪威尔法则[1]，它可以帮助用户根据重要性和紧急性对需要做的任务进行排序，应用该法则，可以更容易地确定事务的优先级。如果用户喜欢纸质版本，可以在一个可重复使用的板上做一个类似的表格，或者只是把该表格记录在日记或计划表上。表18-1是一个示例表格。

表 18-1　任务清单管理表

|  | 紧急 | 不紧急 |
|---|---|---|
| **重要** | 立刻去做！<br>这些事情有紧急的截止期限和后果，例如：<br>• 照顾生病的孩子；<br>• 完成需要当天交稿的一篇文章；<br>• 回复特定的电话、电子邮件 | 稍后再做，做好计划<br>这些事情都很重要，它们可以帮你建立实现目标所需要的好的体系，这就是你习惯规划的用武之地，例如：<br>• 阅读；<br>• 运动；<br>• 膳食计划；<br>• 个人发展活动；<br>• 给朋友和家人打电话 |
| **不重要** | 委托别人去做<br>这些事情要去做，但不一定需要由你来做，如果可能的话，考虑外包，例如：<br>• 购物 / 膳食准备；<br>• 做清洁工作；<br>• 订机票 / 外出用餐；<br>• 回复一些电话 / 电子邮件 | 删掉它<br>这些习惯往往是你需要改掉的，它们对你而言没有任何价值，可以适度参与，但不列入你的日常安排，例如：<br>• 看电视；<br>• 漫无目的地刷手机；<br>• 聊八卦 |

---

1　艾森豪威尔法则，又称四象限法则，是指处理事情应分清主次、确定优先级别，以此来决定事务处理的先后顺序，这一法则是由美国前总统艾森豪威尔提出的，故命名。——译者注

**ClickUp**

ClickUp 是一款跨平台的应用程序，可以帮助用户明确任务的优先级，进行项目管理、时间跟踪和目标设定。通过相应的程序设置，用户可以将它用于个人生活、工作任务，或者两者兼而有之。用户也可以与其他人共享该应用程序，并将其与 Outlook、苹果和谷歌等系统集成，这样，其中的电子邮件和日历就可以轻松同步，最大限度地减少重复性工作。

## ↘ 习惯跟踪养成

通过习惯跟踪器进行简单记录是了解习惯养成情况或习惯改变情况的最好方法，跟踪可以让你知道自己是否已经达成了创造、改变或取代一个习惯的目标，并在出现问题的时候及时进行提醒。像养成一个新习惯一样去尝试，如果发现第一选择不适合自己，那么不要害怕去改变。

**日历**

使用传统纸质日历或电子日历是记录你的进度并让你知道你是否实现了目标的最简单方法，在这个过程中，你甚至不需要写任何东西。

1. 你可以在某个日期的日历或日记的角落里画一个点，表示你完成了一项新的日常安排。如果你想要跟踪某个日期的任务完成情况，可以用不同的颜色或不同的点数指代当日的各种安排。如果你想让某个日期更醒目，可以在日期上画线提醒。

2. 你可以在电子日历上设置确认或取消的提醒，以类似的方式保留记录。这种记录不像写在传统日历上那样明显，但如果你想养成的习惯是用在家或办公室之外的，或者是不想告诉家人的，那么使用电子日历可能更合适。

### 日志

像日历一样，日志也可以使用纸质笔记本或电脑文件的形式，你可以在上面记录习惯细节和日期。日志本通常会设置很多栏目，是日历的扩展形式。在市面上，食物日志、运动日志或阅读日志都很常见，可以买一本现成的，如果想要个性化的栏目或格式，可以下载一个基本满意的模板并进行一些编辑修改。如果想要扩展一个习惯，写日志是特别好的方式，从日志中你可以更容易发现需要改进的地方。

#### Habitica

Habitica是一款可以在大多数常见的移动平台上运行的应用程序，用于跟踪用户的日常习惯。Habitica的口号是"让你的生活游戏化"，如果你能坚持跟踪自己的习惯，就能获得游戏奖励。你可以加入虚拟社区来寻求支持，也可以利用虚拟社区让朋友或家人监督你的习惯养成情况。如果你喜欢虚拟形象、迷你游戏和数字奖励，那么这款游戏就很适合你。在撰写本书时，Habitica拥有的用户数量超过了400万人，因此，在虚拟社区可以获得大量支持。

#### Momentum

Momentum是一款目前适用于iOS系统的时尚应用程序，它的重点是确保你"不破坏习惯链"。你可以设置提醒事项，设定每周目标，还可以像写日记一样做笔记。你甚至可以设定一个不会中断链条的休息时间（如果你生病或在度假），这个功能可以为克罗地亚的青少年省去很多麻烦。如果你喜欢电子表格（谁会不喜欢呢！），还可以导出数据进行进一步分析。这款应用程序还能在不同设备间同步数据，非常实用。

#### Streaks

Streaks是一款屡次获奖的应用程序，目前仅在iOS系统上使用，可让你追踪多达12个习惯。它鼓励你保持"连续"的良好习惯，让你保持动力，并再次配备了一些时尚的图形和跨不同苹果设备的同步功能。在Streaks中，可以为特定的日子或每周的固定频率设置任务，还有多种语言可供选择。它能快速简单地记录你正在做的事情，也能轻松发现你没有做的事情。

### StickK

StickK是一款可以在iOS和Android系统上使用的应用程序。在该应用程序中，你可以为自己设定目标，甚至可以和自己打赌。可以选择朋友或家人一起成为问责伙伴，并制定团队的目标。

### Chains

Chains是另一款iOS应用程序，主要采用"不破坏习惯链"的方法来培养习惯。该软件使用简单，可通过自定义图形来追踪你建立的不同习惯链。

## ↘ 行动步骤

1. 思考到目前为止你所做的决定。你是否需要从做每日计划、习惯跟踪养成或玩一些有点儿烧脑的游戏方面得到帮助？选择一个领域开始吧。

2. 确定你更喜欢的支持方式，是基于传统的纸和笔的形式，还是基于网络的形式，抑或是基于应用程序的形式。即使你精通于各种网络技术，也可能更愿意使用传统的日记本来记录各项任务。如果你习惯于随时随地去记录，可能更喜欢使用跟踪日常习惯的应用程序，它更便于携带。最终选择何种记录方式，既要你通过实际思考，也要通过感性思考来决定。

3. 做好计划。如果你打算写一个待办事项清单，会在什么时候写呢？

如果你打算记录自己的日常习惯，会从什么时候开始呢？如果你要玩一个益智游戏，在什么时候开始？这些都是需要通过习惯循环来规划的习惯，习惯循环是支持其他习惯的习惯。

4. 做好实验的准备。这只是可供计划、跟踪和实现的一小部分内容。每周都会出现更多选择。找到适合自己的方式，放弃不适合你的选择。养成习惯需要简单易行且有回报。习惯跟踪器也是如此！

## ↘ 关键要点

- 通过习惯跟踪器给予的可见奖励，可以提高完成习惯的动力。最有力的工具之一就是努力保持"连续"的理想行为。
- 做好计划能增加成功的机会，并能提高思想和行动的优先次序。实物和电子辅助工具可以使这一过程更快、更一致。
- 在跟踪习惯、计划习惯和玩游戏以提高思维能力方面，有实物和电子辅助工具可供选择。它们都有各自的用途，你可以自行决定哪种方法最适合自己的旅程。

# 后 记

教育必须使人能够筛选和权衡证据，辨别真假、虚实和虚构。因此，教育的功能就是教会一个人进行深入思考和批判性思考。

——马丁·路德·弗廷

现在，你可以放慢思考的速度，摆脱潜在意识和刻板印象的束缚。你可以培养这些批判性思维的技能和特征，养成有效习惯，以这种方式看待世界。这将提高你在工作和生活中的长期成功率，而不会让你觉得这是一件苦差事。你可以把决策变成一个合乎逻辑的过程，从而节省自己的时间，改善决策结果，更准确地分析自己的行为。

将批判性思维融入生活，你就能实现目标，而不会让目标成为压力的焦点。实施正确的策略，目标自然会实现。提高理性讨论的能力，以更开放的心态处理问题，可以加深人际关系；积极寻求了解与自己不同的人，消除社会期望和先入为主的观念所设置的障碍，可以开阔视野。

你可以利用规划策略有效地管理时间，高效地使用工具，让保持习惯变得简单而可取，从而解放你的头脑和时间。从此以后，再也不会因为待办事项清单而半夜无法入睡；总会为想见的人保留时间；总能轻松完成最后期限。这一切都是可能的。如果你能分清任务的轻重缓急，并利用批判性思维工具来培养习惯，支持你想要的，去除你不想要的，并精简你的每一天，就能实现更加平衡的生活，同时取得生活和事业上的成功。

那么，你想做什么？你理想中的一天、理想中的一年是什么样的？即使它看起来与你现在的处境相差十万八千里，你也有可能开始走上通往理想目的地的道路。如果你选择正确的道路，仔细考虑你的选择，一步一个脚印地把目标分解成一个个系统，把这些系统变成习惯，然后跟踪它们，确保它们坚持下去，那么你就能够到达理想的目的地。这需要改变心态，从被动反应的大脑转变为积极思考的大脑，然后其他的事情就会随之而来。

接下来怎么办？就像任何一次出色的探险一样，你现在需要选择你的目的地，然后养成到达目的地所需的技能。你可以质疑、计划、收集证据、分析你的选择，并以开放的心态评估你选择的路线。你知道如何建立有效的习惯，以及哪些习惯能够支持更清晰的思维方式。你知道如何识别旧的自动行为，以及如何植入新的、升级的自动行为。

记住，你的人生就是你的实验。明智地实验，好好地学习吧。

# 参考文献

［1］ Gill, C. (1973) "The Death of Socrates," The Classic Quarterly, 23(1), pp. 25-28.

［2］ Mintz, A. (2005) "From grade school to law school: Socrates' legacy in education," in A companion to Socrates. New York: Riley, pp. 476-492.

［3］ Hawkins-Leon, C. (1998) "The Socratic Method-Problem Method Dichotomy," Brigham Young University Education and Law Journal, 1998(1-2), pp. 1-18.

［4］ Anderson, G. and Piro, J. (2014) "Conversations in Socrates café: scaffolding critical-thinking via Socratic questioning and dialogues," *New Horizons for Learning*, 11(1), pp. 1-9.

［5］ Epsey, M. (2018) "Enhancing critical thinking using team-based learning," *Higher Education Research and Development*, 37(1), pp.

15-29.

[6] Dwyer, C. Boswell, A. and Elliott, M. (2015) "An evaluation of critical-thinking competencies in business settings," Journal of Education for Business, 90(5), pp. 260-269.

[7] Facione, P.A. (1990) "*The Delphi report: executive summary*". California: The California Academic Press, pp. 315 423.

[8] Vandenberg, D. (2013) "Critical thinking about truth in teaching: the epistemic ethos," *Educational Philosophy and Theory*, 41(2), pp. 155-165.

[9] Christensen, C.; M Raynor, and McDonald, R. (2015) "What Is Disruptive Innovation?" *Harvard Business Review*, 93 (12), pp. 44-53.

[10] Ritala, P.; Golnam, A.; Wegmann, A. (2014) "Coopetition-based business models: The case of Amazon.com," *Industrial Marketing Management*, 43(2), pp. 236-249.

[11] Inch, E. and Tudor, K. (2013) "*Critical thinking and communication: The use of reason in argument.*" New York: Pearson.

[12] Paul, R. (1993) "The Logic of Creative and Critical Thinking," *American Behavioral Scientist*, 37(1), pp. 21-39.

[13] Hundleby, C. (2010) "The Authority of the Fallacies Approach to Argument Evaluation," *Informal Logic*, 20(3), pp. 279-308.

[14] Elliott, B.; Oty, K.; McArthur, J. and Clark, B.; (2010) "The effect of an interdisciplinary algebra/science course on students' problem solving skills, critical thinking skills and attitudes towards mathematics," *International Journal of Mathematical Education in Science and Technology*, 32(6), pp.811-816.

［15］ Paul, R. and Elder, L. (2006) *"Critical thinking tools for taking charge of your learning and your life."* New Jersey: Prentice Hall Publishing.

［16］ Jackson, S. (2011) *"Research methods and statistics: a critical thinking approach."* New York: Wadsworth.

［17］ Pickard, M. (2007) "The New Bloom's Taxonomy," *Journal of Family and Consumer Sciences Education*, 25(1), pp. 45-55.

［18］ Bloom, B.S., Engelhart, M.D., Furst, E.J., Hill, W.H. and Krathwohl, D.R. (1956). Taxonomy of educational objectives: the classification of educational goals. In *"Handbook I:cognitive domain."* New York: David McKay.

［19］ Krathwohl, D. (2002) "A revision of Bloom's taxonomy: an overview," *Theory Into Practice*, 41(4), pp. 212-218.

［20］ Blumer, A.; et al. (1987) "Occam's Razor," *Information Processing Letters*, 24(6), pp. 377-380.

［21］ Linker, M. (2014) *"Intellectual empathy: critical thinking for social justice."* Ann Arbor, MI: University of Michigan Press.

［22］ Li-Fang, Z. (2010) "Thinking styles and the big five personality traits," *Educational Psychology*, 22(10), pp. 17-31.

［23］ Connell-Carrick, K. (2006) "Trends in popular parenting books and the need for parental critical thinking," *Child Welfare*, 85(5), pp. 819-836.

［24］ Edward, D. (2005) "Confusion of a necessary with a sufficient condition," in *Attacking Faulty Reasoning*. Boston, MA: Wadsworth Publishing, pp. 151.

［25］ Gooden, D. and Zenker, F. (2015) "Denying antecedents and affirming consequents: the state of the art," *Informal Logic*, 35(1), pp. 88-134.

[26] Ennis, R. (1998) "Is critical thinking culturally biased?" *Teaching Philosophy*, 21(1), pp. 15-33.

[27] Haber, J. (2020) *"Critical thinking."* Cambridge, MA: MIT University Press.

[28] Tversky, A. and Kahneman, D. (1974) "Judgment under uncertainty: heuristics and biases," *Science*, 185(4157), pp. 1124-1131.

[29] World Food Program, *"Overview,"* United Nations World Food Program.

[30] Park, W.W. (1990) "A Review of research on Groupthink," *Behavioral Decision Making*, 3(4), pp.229-245.

[31] Bobzien, S. (2020) "Ancient Logic" , In E.N. Zalta (ed.), *The Stanford Encyclopedia of Philosophy*.

[32] Kraus, J. 2015 *Rhetoric in European Culture and Beyond*. Charles University in Prague.

[33] Patterson, R. (2020) "7 Ways to Improve Your Critical Thinking Skills." *College Info Geek*.

[34] Schwarz, B.B. and Asterhan, C. (2010) Argumentation and Reasoning. In K. Littleton, C. Wood, and J.Kleine Staarman (Eds.), *Elsevier Handbook of Educational Psychology: New Perspectives on Learning and Teaching*. Elsevier Press.

[35] Dowden, B.H. (2017) *Logical Reasoning*. Open Library, California State University.

[36] "Argument mapping" (2020) HKU Philosophy Department, University of Hong Kong.

［37］ Schutt, R.K. (2018) *Investigating the Social World: The Process and Practice of Research.* SAGE Publications.

［38］ Bradford, A. (2017) "Deductive Reasoning vs Inductive Reasoning". *Live Science.*

［39］ "Deductive and Inductive Arguments" (2020) *Internet Encyclopedia of Philosophy.* ISSN 2161-0002.

［40］ "Validity and Invalidity, Soundness and Unsoundness" (2020) *An Introduction to Philosophy.* Stanford University.

［41］ DeMichele, T. (2017, June 15) "The Different Types of Reasoning Methods Explained and Compared". *Fact/Myth.*

［42］ Schmidt, G. (2014) "Simple Answers" *Edge.*

［43］ Cohen, P. (2011, June 14) "Reason seen more as weapon than path to truth." *The New York Times.*

［44］ Mercier, H. & Sperber, D. (2011) Why do humans reason? Arguments for an Argumentative Theory. *Behavioral and Brain Sciences*, 34(2): 57-74.

［45］ Kraus, J. 2015 *Rhetoric in European Culture and Beyond.* Charles University in Prague, p.6.

［46］ Walls, J. (2009). *Half Broke Horses: A True-Life Novel.* United States: Scribner.

［47］ Kim V. (2016, October 10) Stereotypes, Bias, Prejudice, and Discrimination: Oh My! *Psych Learning Curve: Where Psychology and Education Connect.* American Psychological Association.

［48］ JD (2021) Three Ways to Spot Logical Fallacies. *Sources of Insight.*

［49］ Pevernagie, E. (2007) *Life Quotes and Paintings.*

［50］ Ri, Y-S. 2017 "Modus Ponents and Modus Tollens: Their Validity/ Invalidity in Natural language Arguments." *Studies in Logic, Grammar and Rhetoric.* Vol 50, Issue 63, pp. 253-267.

［51］ Eschner, K. (2016, December 30) "The Story of the Real Canary in the Coal Mine," *Smithsonian Magazine.*

［52］ Mosley, A. & Baltazar, E. (2019) *An Introduction to Logic: From Everyday Life to Formal Systems.* Open ducational Resources: Textbooks, Smith College, Northampton, MA.

［53］ Rice, S.M. (2015) Indispensable Logic: Using the Logical Fallacy of the Undistributed Middle As a Mitigation Tool. *Akron Law Journals,* 43(1):3.

［54］ Funder, D.C. (1987) Errors and Mistakes: Evaluating the Accuracy of Social Judgment. *Psychological Bulletin,* 10(2):75 90.

［55］ Nikolova, H., Lamberton, C., & Haws, K.L. (2016) Haunts or helps from the past: Understanding the effect of recall on current self- control. *Psychology,* 26(2): 245-256.

［56］ Lerner, J.S., Li, Y., Valdesolo, P., & Kassam, K. (2015) Emotion and Decision Making. *Annual Review of Psychology.* 66:799-823.Finnell, M. (Producer) & Dante, J. (Director) (1984) *Gremlins.* [Motion picture]. United States: Warner Bros. and Amblin Entertainment.

［57］ "About Dairy Cows" (2021) *Compassion in World Farming.*

［58］ Damer, T.E. (2009) *Attacking Faulty Reasoning: A Practical Guide to Fallacy-Free Arguments, 6th edition.* Belmont, CA: Wadsworth Cengage Learning.

［59］ Conroy, J. (2007, September 24). "Probing Question: Is the Farmers'

Almanac accurate?" *Penn State News.* Penn State.

[60]  "History of the Old Farmer's Almanac" (2016, August 14) *The Old Farmer's Almanac.*

[61]  *The Old Farmer's Almanac* (2021, February 16) The Old Farmer's Almanac.

[62]  Van Eemeren, F.H. (2010) *Strategic Maneuvering in Argumentative Discourse: Extending the Pragma-dialectical Theory of Argumentation.* John Benjamin Publishing.

[63]  Frank, R.B. (2017) Hacksaw Ridge; The Conscientious Objector; The Unlikeliest Hero: The Story of Desmond T. Doss, Conscientious Objector Who Won His Nation's Highest Military Honor. *Journal of American History*, 104(1): 301-305.

[64]  Mechanic, B., Permut, D., Benedict, T., Currie, P., Davie, B., Oliver, B., & Johnson, W.D. (Producers) & Gibson, M. (Director) (2016) *Hacksaw Ridge* [Motion picture]. United States: Summit Entertainment and others.

[65]  Sathe, V. (2017) Smaller But Not Secondary: Evidence of Rodents in Archaeological Context in India. *Ancient Asia*, 8:6, pp.1-20.

[66]  Zakir Hossain, M. (2009)  "Why is interest prohibited in Islam? A statistical justification." *Humanomics,* 25(4): 241-253.

[67]  Mowrey Admin (2017, February 14)  "The Rule of 13: Why Isn't There a 13th Floor?" *Mowrey Elevator.*

[68]  Magnan, J. (2018) Appeal to Ignorance. *Journal of International Advanced Otology*, 14(3):504-505.

[69]  Smith, W. (2021)  "Flag of Western Australia." *Britannica.*

Encyclopedia Britannica, Inc.

［70］ Taleb, N.N. (2007, April 22) "The Black Swan: The Impact of the Highly Improbable". *The New York Times.*

［71］ Suárez-Lledó, J. (2011) The Black Swan: The Impact of the Highly Improbable. *Academy of Management Journal.* 25(2):87-90.

［72］ TSU Department of Philosophy (2021) "Begging the Question," Texas State University.

［73］ Grote, G. (1872) *Aristotle.* John Murray.

［74］ Dowden, B.H. (2020) *Logical Reasoning.* Philosophy Department, California State University Sacramento.

［75］ Feige, K. {Producer} & Russo, A. & Russo, J. (Directors) (2018) *Avengers: Infinity War* [Motion Picture] United States: Marvel Studios.

［76］ Dowdcn, B.H. (2020) *Logical Rcasoning.* Philosophy Department, California State University Sacramento.

［77］ Legg, T.J. (2020, Feb. 26) " 'Gateway Drug' or 'Natural Healer?' 5 Common Cannabis Myths." *Healthline.*

［78］ Lupoli, M.J., Jampol, L., & Oveis, C. (2017) Lying because we care: Compassion increases prosocial lying. *ournal of Experimental Psychology: General.* 146(7): 1026-1053.

［79］ Arkes, H. R., & Blumer, C. (1985), The psychology of sunk costs. *Organizational Behavior and Human Decision Processes,* 35: 124-1401026-1042.

［80］ Roth, S., Robbert, T., & Straus, L. (2015) On the sunk-cost effect in economic decision-making: A meta-analytic review. *Business Research.* 8: 99-138.

［81］ "Sunk Cost Fallacy" (2020) *Behavioral Economics*.

［82］ Erickson, A. & Vaidya, A.J. (2011) *Logical & Critical Reasoning: Conceptual Foundations and Techniques of Evaluation*. United States. Kendall Hunt.

［83］ Johnson, C. & Hall-Lande, J. (2005/06) "Growing Up in Foster Care: Carolyn's Story." *Impact*. 19(1): 1,36.

［84］ Lewinski, M. (2011) Towards a Critique-Friendly Approach to the Straw Man Fallacy Evaluation. *Argumentation*. 25:469.

［85］ Damer, T.E. (2009) *Attacking Faulty Reasoning: A Practical Guide to Fallacy-Free Arguments, 6th edition*. Belmont, CA: Wadsworth Cengage Learning.

［86］ Wood, R. (2002) Critical Thinking.

［87］ Chen, J. (2021, February 23) "A Mom's Research (Part 2): Texas Freezing and Global Warming." *The Epoch Times*.

［88］ Vaidya, A. & Erickson, A. (2011) *Logical and Critical Reasoning*. Kendall Hunt, p.43.

［89］ Tolstoy, L. (1894) *The ftingdom of God is Within You*. Cassell Publishing Company.

［90］ Saxe, J.G. (1872) "The Blind Men and the Elephant."

［91］ Nickerson, R.S. (1998) Confirmation Bias: A Ubiquitous Phenomenon in Many Guises. *Review of General Psychology*, 2(2): 175-220.

［92］ Patterson, R. (2020) "7 Ways to Improve Your Critical Thinking Skills." *College Info Geek*.

［93］ Lim, K.H., Benbasat, I., & Ward, L.M. (2000) The Role of Multimedia in Changing First Impression Bias, *Information Systems Research*,

11(2): 115-136.

[ 94 ] Okten, I.O. (2018, January 13) "Studying First Impressions: What to Consider?" *Association for Psychological Science.*

[ 95 ] Kruger, J. & Dunning, D. (1999) Unskilled and unaware of it: How difficulties in recognizing one's own incompetence lead to inflated self-assessments. *Journal of Personality and Social Psychology*, 77(6): 1121-1134.

[ 96 ] Berry, Z. (2015) Explanations and Implications of the Fundamental Attribution Error: A Review and Proposal. *Journal of Integrated Social Sciences*, 5(1): 44-57.

[ 97 ] Healy, P. (2017, June 8) "The Fundamental Attribution Error: What It Is and How to Avoid It." *Harvard Business School Online.*

[ 98 ] Elchardus, M. (2017) Declinism and Populism. *Clingendael Spectator 3*, 71:2.

[ 99 ] The Decision Lab (2021) "Why we feel the past is better compared to what the future holds." *The Decision Lab.*

[ 100 ] Banerjee, A., Pluddemann, A., & O'Sullivan, J. (2017) "Diagnostic Suspicion Bias," *Catalogue of Bias.*

[ 101 ] Wellbery, C. (2011) Flaws in Clinical Reasoning: A Common Cause of Diagnostic Error. *American Family Physician*, 84(9):1042-1044.

[ 102 ] Paul, R. W. (2005, Summer). The State of Critical Thinking Today. New Directions for Community Colleges, 27-38.

[ 103 ] Kahneman, D., *Thinking, Fast and Slow.* Penguin, 1st Edition (10 May 2012).

[ 104 ] Paul, R. and Elder, L. *The Miniature Guide to Critical Thinking*

*Concepts and Tools (Thinker's Guide Library) Eighth Edition.* The Foundation for Critical Thinking; (September 20, 2019).

[ 105 ] Cohen, M., *Critical Thinking Skills for Dummies.* For Dummies; 1st edition (May 4, 2015).

[ 106 ] Lovell, O., *Sweller's Cognitive Load Theory in Action,* John Catt (23 Oct. 2020).

[ 107 ] Raul, R. and Elder, L., *Critical Thinking: Tools for Taking Charge of Your Learning and Your Life.* Pearson (2013).

[ 108 ] Haig, M., *Notes on a Nervous Planet.* Canongate Books Ltd; Main edition (5 July 2018).

[ 109 ] Babin, J. and Manson, R., *Critical Thinking: The Beginners User Manual to Improve Your Communication and Self Confidence Skills Everyday. The Tools and The Concepts for Problem Solving and Decision Making.* (March 9, 2019).

[ 110 ] Paul, R. and Elder, L. *The Miniature Guide to Critical Thinking Concepts and Tools (Thinker's Guide Library) Eighth Edition.* The Foundation for Critical Thinking; (September 20, 2019).

[ 111 ] Cohen, M., *Critical Thinking Skills for Dummies.* For Dummies; 1st edition (May 4, 2015).

[ 112 ] Botello, J and Roulet, T.， "The Imposter Syndrome, or The Misrepresentation of Self In Academic Life"．Journal of Management Studies, vol 56, issue 4, June 2019, p854-861.

[ 113 ] Qin S., Herman, E., van Marle, H., Luo, J., Fernández, G. (2009) "Acute Psychological Stress Reduces Working Memory-Related Activity in the Dorsolateral Prefrontal Cortex"．Biological Psychiatry

Volume 66, Issue 1, 1 July 2009, Pages 25-32.

［114］Gronchi, G., Cianferotti, L., Parri, S., Pampaloni, B., Brandi, M., "Nudging healthier behavior: psychological basis and potential solutions for enhancing adherence". Clinical Cases in Mineral & Bone Metabolism. May-Aug2018, Vol. 15 Issue 2, p158-162.

［115］Clear, J. *Atomic Habits*. Random house business, 1st Edition (18th Oct 2018).

［116］Anselme, P., Robinson, M., Berridge, K., "*Reward uncertainty enhances incentive salience attribution as sign-tracking*". Behavioural Brain Research, Volume 238, 1 February 2013, Pages 53-61.

［117］Scott, S.J., "*Habit Stacking: 97 Small Life Changes That Take Five Minutes or Less*", CreateSpace Independent Publishing Platform, 2 May 2014.

［118］Muniz-Pardos, B., Sutehall, S., Angeloudis, K. et al. "*Recent Improvements in Marathon Run Times Are Likely Technological, Not Physiological*". Sports Med (2021).

［119］Manos, A., "*The Benefits of ftaizen and ftaizen Events*" Quality Progress; Milwaukee Vol. 40, Iss. 2, (Feb 2007): 47-48.

［120］Mindell, J., and Williamson, A. *Benefits of a bedtime routine in young children: Sleep, development, and beyond*, Sleep Med Rev (2018 Aug);40:93-108. Epub (2017 Nov 6).

［121］Taub, J. *Behavioral and psychophysiological correlates of irregularity in chronic sleep routines*. Biological Psychology, Volume 7, Issues 1–2, September 1978, Pages 37-53.

［122］Stranges, S., Tigbe, W., Xavier Gómez-Olivé, F., Thorogood, M.,

Kandala, N., *"Sleep Problems: An Emerging Global Epidemic? Findings From the INDEPTH WHO-SAGE Study Among More Than 40,000 Older Adults From 8 Countries Across Africa and Asia"*. Sleep, Volume 35, Issue 8, 1 August 2012, Pages 1173-1181.

[123] Pope, N., *"How the Time of Day Affects Productivity: Evidence from School Schedules"*, Review of Economics and Statistics, Volume 98, Issue 1, March 2016, p.1-11.

[124] Gibson, S., Gunn, P., *"What's for breakfast? Nutritional implications of breakfast habits: insights from the NDNS dietary records"*, Nutrition Bulletin, British Nutrition Foundation, Volume 36, Issue1, March 2011, Pages 78-86.

[125] Masento, N., Golightly, M., Field, D., Butler, L., & Van Reekum, C. (2014). *"Effects of hydration status on cognitive performance and mood"*. British Journal of Nutrition, 111(10), 1841-1852.

[126] Wójcik, M., Borenski, G., Poleszak, J., Szabat, P., Szabat, M., Milanowska, J., *"Meditation and its benefits"*, Journal of Health, Education and Sport, Volume 9, No. 9 p. 466-476, sep. 2019.

[127] Kumar, A., and Jhajharia, B., *"Effect of morning exercise on immunity"*, International Journal of Physiology, Nutrition and Physical Education 2018; 3(1), p1987-1989. ISSN: 2456-0057.

[128] Viadero, D., *"Exercise Seen as Priming Pump for Students' Academic Strides"*. Patterson, C., *Critical Thinking Beginner's Guide: Learn How Reasoning by Logic Improves Effective Problem Solving. The Tools to Think Smarter, Level up Intuition to Reach Your Potential and Grow Your Mindfulness* Paperback – January 1, 2020.

[ 129 ] Wilson, J., *Critical Thinking: A Beginner's Guide to Critical Thinking, Better Decision Making and Problem Solving.* Paperback – February 9, 2017.

[ 130 ] Stanovich, K. E., Cunningham, A. E., & West, R. F. . *"Literacy experiences and the shaping of cognition"* . In S. G. Paris & H. M. Wellman (Eds.), Global prospects for education: Development, culture, and schooling (p. 253–288). American Psychological Association(1998).

[ 131 ] Murnane, Richard, et al. *Literacy Challenges for the Twenty-First Century: Introducing the Issue.* The Future of Children, vol. 22, no. 2, 2012, pp. 3-15. JSTOR.

[ 132 ] McCutchen, D., Teske, P., & Bankston, C. *"Writing and cognition: Implications of the cognitive architecture for learning to write and writing to learn"* . In C. Bazerman (Ed.), Handbook of research on writing: History, society, school, individual, text (2008) p. 451-470. Taylor & Francis Group/Lawrence Erlbaum Associates.

[ 133 ] De Bono, E., "Six Thinking Hats" , 3rd Edition, Penguin Life (28 Jan. 2016).

[ 134 ] Bechdel, Allison. *"Dykes to Watch Out For"* . Firebrand Books (October 1, 1986). ISBN 978-0932379177.

[ 135 ] Power, Nina (2009). One-dimensional woman. Zero Books. pp. 39 et seq. ISBN 978-1846942419.

[ 136 ] Hayes, C., Magana, P., *"Critical Thinking Hacks 2 In 1: Why You Should Be Skeptical Of People You Disagree With But Even More Skeptical With People You Agree With"* . Independently published (10

Nov. 2019).

［137］Dyer, W., *"Excuses Begone!: How to Change Lifelong, Self-Defeating Thinking Habits"* . Hay House, 4th Edition (June 2009).

［138］Kondo, M., *"The Life-Changing Magic of Tidying: A simple, effective way to banish clutter forever"* , Vermilion, 1st Edition, 3 April 2014.

［139］Bray. G., *"The organized Mum Method: Transform your home in 30 minutes a day"* , Piatkus, 5 Sept. 2019.

［140］Schlam, Tanya R et al. *"Preschoolers' delay of gratification predicts their body mass 30 years later."* The Journal of pediatrics vol. 162,1 (2013): 90-3.

［141］Koomen R, Grueneisen S, Herrmann E., *"Children Delay Gratification for Cooperative Ends"* . Psychological Science. 2020;31(2):139-148.

［142］Tangney, J.P., Baumeister, R.F. and Boone, A.L., *"High Self-Control Predicts Good Adjustment, Less Pathology, Better Grades, and Interpersonal Success"* . Journal of Personality, 72: 271-324 (2004).

［143］Burkus, D., *"Friend of a Friend... : Understanding the Hidden Networks That Can Transform Your Life and Your Career"* , Houghton Mifflin Harcourt, May 1, 2018.

［144］Christakis, N, Fowler, J., *"The Spread of Obesity in a Large Social Network over 32 Years"* , N Engl J Med 2007; 357:370-379.

［145］Christakis, N, Fowler, J., *"The Collective Dynamics of Smoking in a Large Social Network"* , N Engl J Med 2008; 358:2249-2258.

［146］Fowler James H, Christakis Nicholas A., *"Dynamic spread of happiness in a large social network: longitudinal analysis over 20 years in the Framingham Heart Study"* . BMJ 2008; 337 :a2338.

［147］Rosenshine, B., *"Principles of Instruction; Research-based Strategies Every Teacher Should ftnow"*, American Educator, Spring 2012, p12-39.

［148］Delic, Haris & Becirovic, Senad. (2016). *"Socratic Method as an Approach to Teaching"*. European Researcher. 111. 511-517.

［149］Clear, J. *Atomic Habits*. Random house business, 1st Edition (18th Oct 2018).